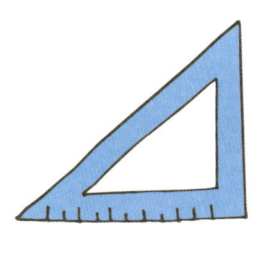

**趣味數學原理解密**

# 數學原來是這樣 ①

**數字** 是如何被發現的？

全國數學教師協會 著
朴東賢 繪

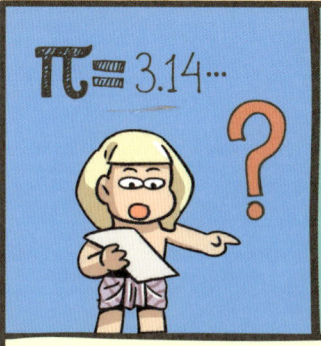

趣味數學原理解密

全國數學教師協會 文
朴東賢 繪　黃菀婷 譯

# 數學原來是這樣 ①

數字 是如何被發現的？

教育部師鐸獎得主
洪進益（小益老師）審訂

원리를 깨치는
재미있는 수학의 발견
이렇게 생긴 수학
수의 발견

**★ 序文 ★**

# 邀請你進入數字的世界！

　　1、2、3⋯⋯。

　　很多人一提到數學，第一個想到的就是數字，因為數字在我們的日常生活中無處不在。數學一直都在我們的生活裡，但很少有人能清楚說出數學在生活中哪些地方用得上，或者是我們需要數學的原因。

　　小朋友和數學的第一次相遇是怎樣的呢？我想大概是在數學課上透過課本接觸到的吧？或者是在數學評量上那些有限的數學概念吧？所以，你們可能會將數學視為一個只是用課本上的概念來解題的科目，又困難又累人。不過，如果大家換個角度看數學，就可以在意想不到的地方和數學來場輕快的相遇喔，而且數學還能變得非常有趣呢！

　　「數學是從哪裡來的？」

　　「數是什麼？數字又是怎麼被發明的呢？」

　　數學就是從這樣的好奇心開始的。要和數學變得親近，又擁有一身精湛的計算本領，最好的方法就是把書本上遇見的數學，想成是一場遊戲去體驗它。這本書裡面有很多有趣的數學故事，不只是課本上學不到的內容，還能解答你一直好奇的問題。有些內容是你一定要知道的；有些內容只要輕鬆讀過就好。換句話說，

最重要的是你能享受在數學之中。這本書有很多關於數與數字的有趣故事。打從人類第一次出現在這個世界上，數學就一直和我們相伴而行，即便到了今天這個高科技時代，從古代就廣泛使用的數和數字對我們依然無比重要。透過了解數與數字如何與人工智慧等先進科技結合使用的故事，你會更明白數學的必要性。

　　第一章是「數字的誕生」。在這章中會介紹數字的意義，以及它是如何發展的。我們還會藉由有趣的故事了解表示數量的「數」的單位。

　　第二章會說明分數和小數等不同數字的概念。我們會學到：為了表示小於一的數字，人類是如何創造出分數和小數，還有它們的寫法。此外，還會探討數學規則中出現的多邊形數和進位制等。

　　第三章會介紹和數字相關的生活故事。有一些非常有趣的數字，比如數學家發現隱藏數字規則的費波那契數和卡普雷卡爾常數。此外，我們還會介紹從數和數字中發展出的數之謎題。

　　希望透過這些有趣的數字故事，大家能和數學變得親近，解開對數學的好奇心。

## ★ 推薦文 ★

　　當看著一棵樹苗慢慢長大，會對它產生特別的感情。數學也是如此，當我們了解數學概念的誕生和發展過程，就會對它產生感情。有了感情就不會輕易放棄。《數學原來是這樣》透過介紹數學的發展歷程，以及數學的生活應用，培養讀者對數學的情感。本書推薦給所有曾困惑「我們為什麼要學數學？」的小朋友和大人們。

　　　　　　　姜美善（梨花女子大學數學教育學博士、京仁教育大學講師、
　　　　　　　《現在開始，概念數學》（지금 하자, 개념 수학）作者）

　　這是一套用漫畫激發孩子的興趣，再用豐富內容帶領孩子進入數學世界的書。多虧這本書，孩子能真正搶先體驗學校數學課程的樂趣。透過充實的內容，讓孩子們真正理解數學的核心。我忍不住想把這本書送給我還在上小學的侄子們。書中有很多可以在數學課上講給孩子們聽的有趣又實用的內容，所以也強烈推薦給老師們。

　　　　　　　李京熙（《不用背也能朗朗上口的九九乘法表》（외우지 않고 구구단이 술술술）作者）

　　「數學為什麼重要？為什麼我們需要它？」這個問題總是伴隨著我們。這系列解釋了數學的必要性、輕鬆理解數學的意義、我們使用的數字為什麼長這樣，還有各種數學概念是怎麼出現的。正如書名《數學原來是這樣》，這本書極具說服力，相信對數學概念感到疑惑的學生讀了這本書，一定會收穫滿滿。

　　　　　　　　　　　　　　　　　　　李正民（首爾錦山小學教師）

　　有一天，我在蘆原數學文化會館聽到一個小朋友和父親的對話：「爸爸！今天我教你什麼是數學，跟我來。」至今我仍好奇那個孩子眼中的數學究竟是什麼樣子？本系列從系列名《數學原來是這樣》就引起了我的好奇，每翻過一頁都迫不及待想看下一頁。很多人會想「學數學有什麼用？」這系列透過有趣的方式，從數學的起源到現代應用，給出了答案。同時，它會是絕佳的親子數學教材。希望透過這系列，讓第一次接觸數學的孩子發現日常中無處不在的數學，愛上數學，和數學變成好朋友。

　　　　　　　　　　　　　　　　　　　張世昌（蘆原數學文化館館長）

小時候解數學題時，我常常不明白為什麼要那樣解，只是按照老師教的步驟去解題。等到後來終於明白老師為什麼要那樣教時，我後悔莫及：「原來我以前學數學的方式太沒有技巧了。」《數學原來是這樣》這系列告訴了我們為什麼要學這些數學，當你了解書中介紹那些與數、計算和圖形相關的數學故事後，你會感受到原來學數學是如此有趣。如果想要真正學好數學，這本書絕對值得一讀。

崔東烈（首爾溫谷國小校長）

　　本系列是由現職教師撰寫的書。作者透過豐富的教學經驗，讓讀者在閱讀的過程中體會到超越教科書的數學視野和思維。書中豐富的內容幫助讀者發現那些僅從數學課中無法獲得的珍貴寶藏。

崔秀日（不需擔憂補習的世界，數學教育創新中心主任）

　　這系列以數字、運算和圖形三大主軸貫穿國小數學教育課程。書中以歷史故事和豐富的日常生活實例，編織成精采的數學故事，充分展現作者對數學概念探索的卓越企畫能力和文字功底。如果孩子和父母在正式開始學數學前先接觸這本書，數學思維的拓展其實已經悄悄開始。看到這本如同寶石般珍貴，能啟蒙孩子數學能力的書出版，我情不自禁地讚嘆出聲，心懷感激。

韓正慧（前韓國科學創意基金會融合[STEAM]項目開發[2021年]聯合研究委員，<br>現任大學附屬教育研究所研究員）

### ★ 目錄 ★

序　文　4

推薦文　6

## 第一章　數字的誕生

1. 為了衡量數量和大小而出現的數字　　12
2. 為了記錄而出現的數字符號　　18
3. 為了描述大小而出現的身體單位　　22
4. 方便了解測量值而出現的數字　　26
5. 比文字更容易書寫的印度-阿拉伯數字　　32
6. 區分數和數字的數的名稱　　38
7. 以四位為一組表示的大數單位　　44
8. 從不斷分割中找到的小數單位　　50

## 第二章　數的發展

9. 從公平分配開始的分數　　　　　　　　　58
10. 從數量中產生的分數大小　　　　　　　　66
11. 為了區分位值而出現的小數點　　　　　　76
12. 從句號開始的小數點　　　　　　　　　　84
13. 源自於塗鴉的質數　　　　　　　　　　　90
14. 源自於天花板的數線　　　　　　　　　　98
15. 從點開始的有形數　　　　　　　　　　　106
16. 方便表示大數的位值計數系統　　　　　　114
17. 從《周易》中出現的二進位　　　　　　　120
18. 受文化影響出現的各種進位制　　　　　　128

## 第三章　日常生活中的數

19. 從時節中出現的曆法　　　　　　　　　　136
20. 源自於兔子的費氏數列　　　　　　　　　144
21. 源自於棋盤的卡普雷卡爾常數　　　　　　150
22. 源自於數字金字塔的巴斯卡三角形　　　　156
23. 源自於信仰的幸運數字　　　　　　　　　162
24. 源自於拼圖的數織　　　　　　　　　　　168

# 第一章 數字的誕生

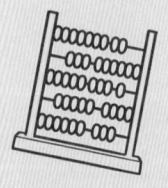

本章你會學到：

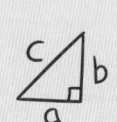

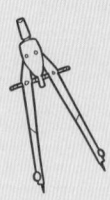

**1** 數字為什麼出現？

**2** 數字要怎麼使用？

**3** 為了更容易表現數量而出現的數字是什麼？

1 2 6
9 8 10 7

**4** 數字要怎麼唸？

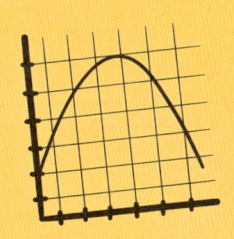

1 3
2

**5** 要分清楚大數與小數！

# 1. 為了衡量數量和大小而出現的數字

> ★ 國中小數學銜接 ★
> 一年級：10 以內的數字、50 以內的數字、100 以內的數字
> 二年級：三位數
> 三年級：四位數

什麼時候才會熟啊？

……過陣子？

你要幾顆？

啊～

很～～多顆！

要模糊地表達大小和分量到什麼時候！

讓我們用更精確的方式表達吧！

咚咚！

嗚！

令人驚訝的是，沒人在意這件事。

等等！用1根手指頭來計數，怎樣？

像這樣～

好主意！

喔～

鬱悶

我也覺得！

**本章內容**

★ 古人計數的方法
★ 用於計數的工具

　　我們無法確切知道人類從什麼時候開始使用數字，不過，要所有人統一用數字「1」來表示「一」的概念，這中間經歷了無數的難關。

　　「1頭大牛和1顆小蘋果怎麼會一樣？」
　　「不是說它們一樣，是說它們的數量都是用『1』來表示啦！」
　　「那牛的『1』應該要寫得大一點，蘋果的『1』要寫得小一點才對吧！」
　　無論物體的大小都用相同的數字「1」表示，這件事情人們花

第一章 數字的誕生　13

了很長的時間才了解到。

　　從不同語言就能看出計數對人類的重要性。語言中存在表示單一事物的「單數」和表示兩個或兩個以上的「複數」。而人類花了數千年才理解「2隻雞」和「2天」的「2」是同樣的概念，因此只將數字分為「1」、「2」，超過1以上的數量就統稱為「更多」，也許就是人類自然的思維模式。

　　在實際學數學時，我們都是從數數，也就是「有多少個」學起。那麼，牛、狗、貓、鳥等動物也會數數嗎？

　　並不是所有動物都有「數感」，據說只有部分的昆蟲、鳥類和人類具有數感。雖然進行過很多相關實驗，但仍然無法證實大多數動物都具有數感。據說，人類如果沒有接受訓練和教育，憑直覺感知得到的數量，最多到4。

　　在我們的生活中，無論是計算數量或大小都需要數字。我們能透過數字比較多或少、計算數量、測量大小，得以與他人交流。

　　在小學數學課，我們第一個學的就是數字1，還有怎麼數數和讀數。想像一下，假設有20顆糖果，有人拿走了5顆，如果不懂數字，我們就不會知道少了5顆吧？同樣地，我們想表示送出2顆糖果後還剩下多少顆，或是想知道如果每人分2顆糖果，能分給幾個人。這些都是不懂數就無法完成的。一定要記住，只有學會用數表達，我們才能進行加減乘除等運算。

# ● 古代沒有數字的計數方法

在這個世界還沒有出現 1、2、3 這些數字時,人們就需要計算物品的數量,才能告訴別人或確認數量。從不會數字的孩子數東西的方式,我們可以窺見人類學習計數的最早模樣。

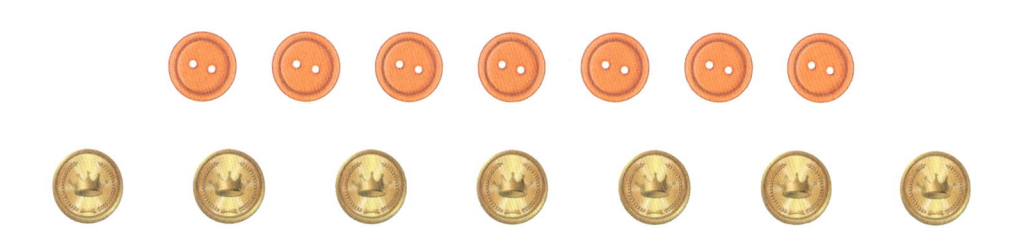

不會數數的孩子,想要比較 7 顆鈕扣和 7 枚硬幣哪個比較多時,會把鈕扣和硬幣一一對齊,確認數量是否相同。這種計數方式稱為「一對一配對計數」。然而,當硬幣的間距比鈕扣更寬時,有些孩子會認為硬幣比較多,而且隨著數量增加,一一配對需要更多的時間,計算也更加困難,於是人們開始尋找更有效的計數工具,隨處可見的小石子便是最常見的工具,後來也逐漸發展出用輕便的繩結代替沈重石子的計數方式。

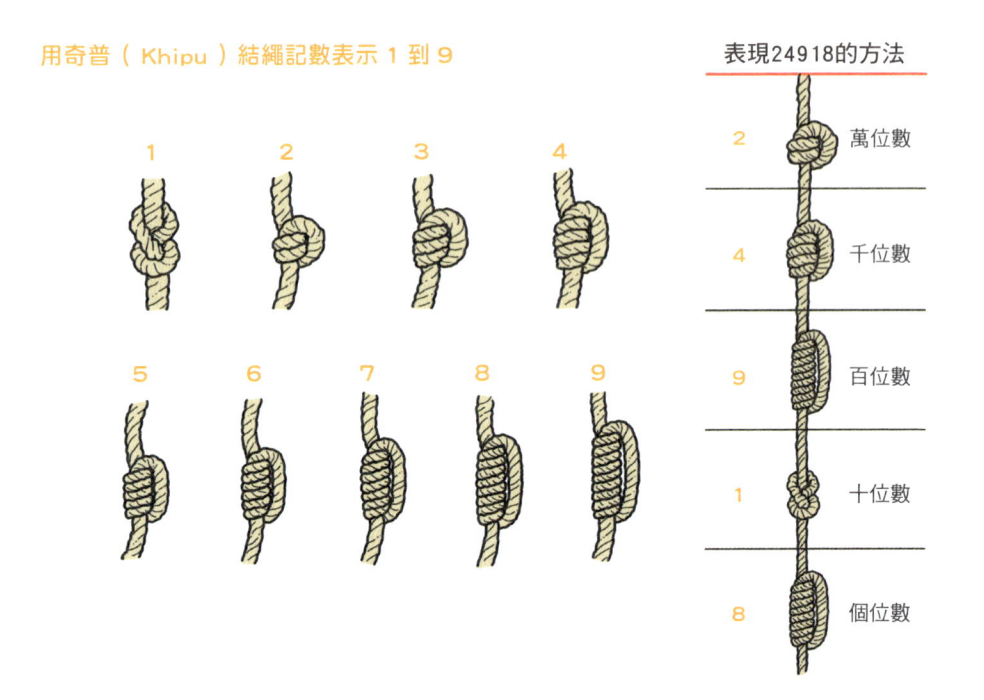

**用奇普（Khipu）結繩記數表示 1 到 9**

1　2　3　4

5　6　7　8　9

**表現24918的方法**

2　萬位數

4　千位數

9　百位數

1　十位數

8　個位數

　　在南美洲發現的塔利記數法（Tally）是利用在木棒上刻痕的方式來記數。此外，在剛果民主共和國維龍加國家公園的伊尚戈（Ishango）地區發現了一根特殊骨頭。這塊以地名命名的「伊尚戈骨」（Ishango Bone）上面刻有表示數量的刻痕。美國考古學家亞歷山大・馬沙克（Alexander Marshack）認為這些刻痕代表了六個月的陰曆時間。如果這是真的，那麼這會是人類用數字記錄時間的最早方式。像這樣，人類從石頭記數演變成繩結記數，再到在木頭或骨頭上刻痕，記數方式變得越來越簡單。不過，就算用刻痕或石頭記數，依然需要石頭來表示計算結果。這種不便性促使人們思考更方便的記數方式。

　　隨著時間過去，人類開始用自己的身體計數。明明有其他的

工具，為什麼非要用身體呢？因為用身體計數的話就不用隨身攜帶石頭、繩結或骨頭，巴布亞紐幾內亞的原住民就是利用身體計數的。然而，由於身體部位數量有限，能計算的數字範圍也有一定限制。有些人類學家認為，區分文明和原始的分水嶺在於：會不會用手指計數。這說明了手指計數對人類的重要性。

## 電腦語言的數字

我們今日使用的電腦也是使用數字組成的語言。下面是電腦使用的數字語言：

### 0011101011110111

是不是很像某種神祕的密碼？為了將人類的想法傳達給電腦，我們需要程式語言。當我們將指令轉換成簡單的數字，再輸入電腦，電腦就能執行該指令。程式語言中也藏著數學，是不是很神奇呢？

# 2. 為了**記錄**而出現的**數字符號**

> ★ 國中小數學銜接 ★
> 一年級：10 以內的數字、50 以內的數字、100 以內的數字
> 二年級：三位數
> 三年級：四位數

---

**帕帕！我們先把羊全部數完再吃飯吧！快去把羊群趕過來！**

**汪！**

**遵命！**

---

**哎呀，羊的數量比我的手指還多？**

**好吧，那就把1片花瓣當作1隻羊來數好了！**

鏘——

---

**1隻羊，又1隻羊……**

呼～

汪？

咩咩

---

**咦？花瓣全被吹走了？要重頭再數嗎？**

嗚

呃…

**又要我去趕羊？嗚，乾脆我數，你去趕吧！**

## 本章內容

★ 用手指表示數的方法
★ 用線條表示數的方法

　　當開始計數的人們逐漸過上集居生活，形成文明，表示數的「語言」也隨之誕生。當文明變得越來越複雜時，人們需要表達的情況也變得複雜。由於要記錄的事情越來越多，人們努力想用「符號」來表示數字，以幫助記憶。遠古時期，還沒有數字和文字時，每次要計數前都要先找石頭、木棒或骨頭，非常不方便。不過如果只用口頭表達數量和大小，很難記得牢，所以人們需要用看得見的數值留下記錄，以便日後查看。在沒有數字，只有點、線、面的過去，人們用這些來表達和記錄數量與大小。

**用來表示數字的各種符號**

| 完成的模樣 | 卌 | 口 | 正 |
|---|---|---|---|
| 書寫的方式 | l ll lll llll 卌 | l ᒥ ᒥ⊓ ᒥ⊓口 | 一 丅 下 下 正 |
| 使用的國家 | 歐洲、澳洲、北美以及辛巴威等 | 南美、法國以及西班牙等 | 韓國、日本、臺灣、中國以及香港等 |

第一章 數字的誕生

# ● 以手指、繩結（點）、刻痕（線）表現的數

在數學中，為什麼我們不僅要知道「數」，還要了解表現「數」的符號呢？這是因為數學這一學科包含的概念數不勝數。例如：表示「1」的方法非常多，可以是「一」、「1」和「1個」等，這些都是人們約定俗成表達「1」的方式。表示數的方法也是如此。比起只知道數字1，如果我們能知道更多表達「1」的方法和約定俗成的寫法，將來在不同領域中都能加以應用。

數的概念在數字出現很久以前就已經形成。我們今天使用的數字是印度-阿拉伯數字。不過，即使沒有特定符號或印度-阿拉伯數字，人們仍然會根據需求創造不同的數字。從現存最古老的數學文物伊尚戈骨上的刻痕可以看出，人類早在數萬年前就已經開始計數了。

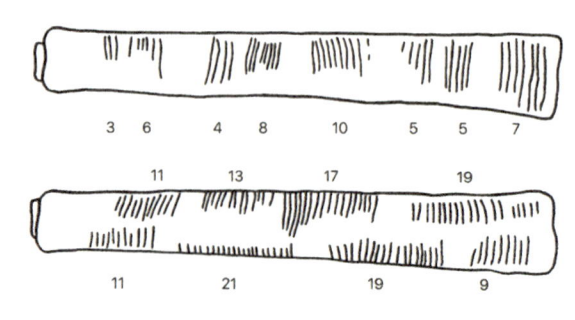

**伊尚戈骨上的刻痕**

就算沒有這些工具，人們也能用手指計數。從很久以前開始，人們就懂得用手指計算較大數字。可是，因為手指的數量有限，所以無法計算超過手指數量的數字。在羅馬時代，人們用不同的手勢和肢體動作能表達的最大

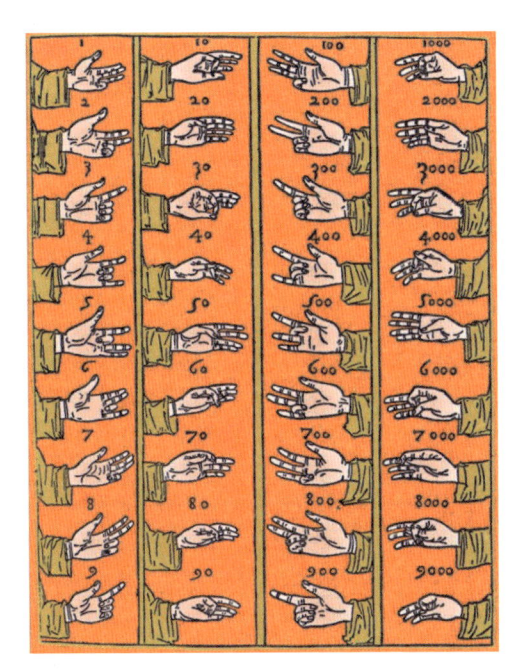

**比德的手指計數法**

數為 9999。後來，英國修道士比德（Beda）將手指計數法記錄下來。

像這樣，各種表示數目的符號和方法，都是為了讓計數更加方便而誕生的。數字或代替數字的符號只是一種表現方式，而不是為了計算而創造的。例如，羅馬數字寫法既複雜又不利於計算，而且當數量多一點時，就無法一目了然。可是，它和石頭、刻痕或骨頭等物品計數相比，能完整保留計算過程和結果，記錄的便利性更高。因此，後來的人們也一直努力創造更簡單的數字表達法。

## 被加入名字中的數字

在這個瞬息萬變的世界裡，有許多新事物不斷被發現。在科學領域發現新的星體，或在醫學領域發現新型疾病時，我們習慣在命名時加入「數字」。

在天文學中，我們會加入「發現順序」和「項目名稱」的編號為星體命名。而為 Covid-19 這類新型傳染病命名時，我們也會加入數字，標示發生年份。像這樣，在名稱中加入數字能夠清楚表明發現順序或發生時間。

第一章 數字的誕生

# 3. 為了**描述大小**而出現的**身體單位**

★ 國中小數學銜接 ★
二年級：測量長度
三年級：容量與重量

---

**再往前一點！再一點～再一點～**

再一點～

嗯啊

---

**所以說，一點點到底是多少點啦？**

**一點點就是一點點啊。這都不知道？**

生氣!!

怕

嚇我一跳

---

**你要定好標準才會知道吧？**

**真是個麻煩的傢伙。那就以從手肘到指尖的距離，也就是「腕尺」當標準吧！**

腕尺

---

**可是大家的手⋯⋯又不一樣長？**

**哇嗚嗚嗚？**

?  ?

唉—

這傢伙是誰帶來的！

### 本章內容

★ 把身體當成計算單位
★ 用身體測量長度

古埃及人建造金字塔時，採用「皇家腕尺（Royal Cubit）」作為長度單位。這個單位標準來自法老的手肘到中指指尖的長度，再加上其掌寬。古埃及人利用皇家腕尺單位，建造了金字塔。可是當作為單位標準的法老過世後，該怎麼辦呢？畢竟新法老和上任法老的臂長不一定相同。這時候古埃及人會根據新法老的臂長重新制定皇家腕尺。像這樣，以身體為標準的身體度量單位陸續誕生。

在日常生活中，我們量長度時，大部分只需要知道大概，不追求極度精準。因此，用身體代替尺反而能更方便地測量長度。在沒有尺的時代，人們要準確測量長度並不容易。因此，身體度量單位在當時是十分重要的。

第一章 數字的誕生

# 行走的尺，身體度量單位

在日常生活中，無論是計數或測量長度、面積和體重都會用到數學，數學自然而然變得重要。從很久以前開始，人們就會使用掌寬、臂長、腳等身體部位，測量長度。

在沒有尺或只需知道大概長度時，用身體測量更方便。西方人創造了以腳長為單位的「英尺」（Feet）；用臂長為單位的「碼」（Yard）。不過，雖然很久以前就有利用身體作為度量單位的方式，但缺點是無法確保精確度，而且各國有著不同的標準，導致各種方面的不便。如今，全世界都使用「公尺」（m）為共通標準單位。在我們的語言中也有一些單位用法。

「寸步難行。」

「咫尺天涯。」

大家聽過這些成語嗎？這些都是和身體單位或長度相關的成語。我們的祖先會用手掌關節或掌寬等作為度量單位，只不過，從身體長度衍生出的單位，如：「寸」、「尺」、「丈」，隨著時代變遷也出現了變化。在現代，1寸約為3.03公分；1尺約為30.3公分，而表示人身高的「丈」則約為2.4公尺至3公尺之間。

大家量看看自己的掌寬是多少？從手肘到中指指尖的距離是幾公分？腳長是幾公分？哪個身體部位的長度約為1公尺？掌握自己的身體尺寸，當需要測量大致長度時，會非常實用喔。

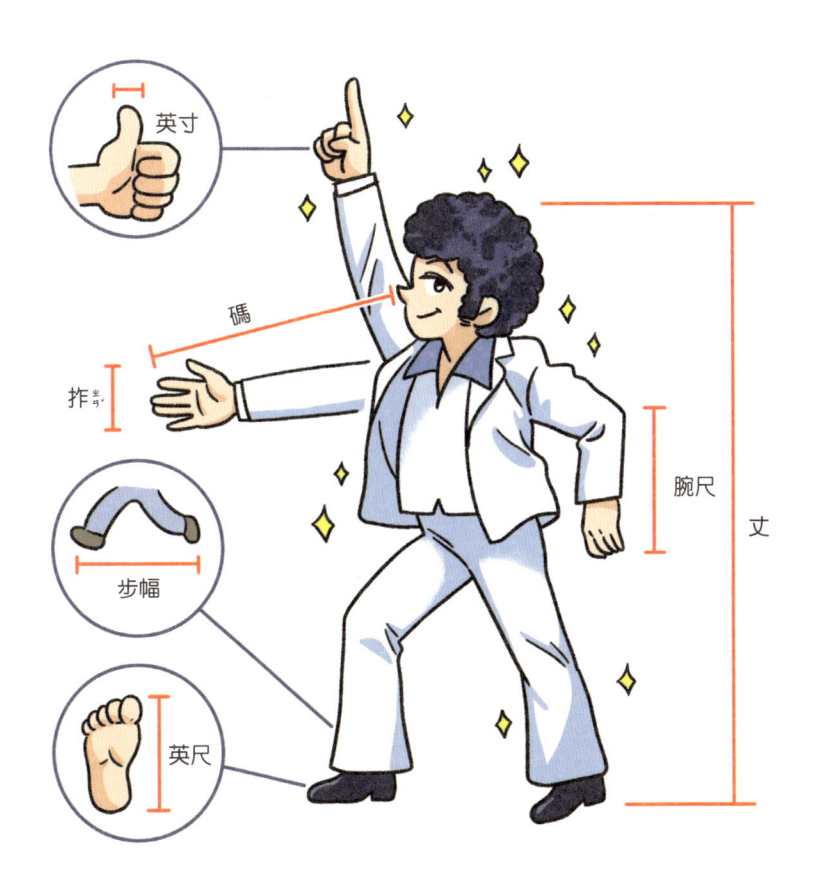

# 4. 方便了解測量值而出現的數字

★ 國中小數學銜接 ★
一年級：個位數、50 以內的數、100 以內的數
二年級：三位數
三年級：四位數

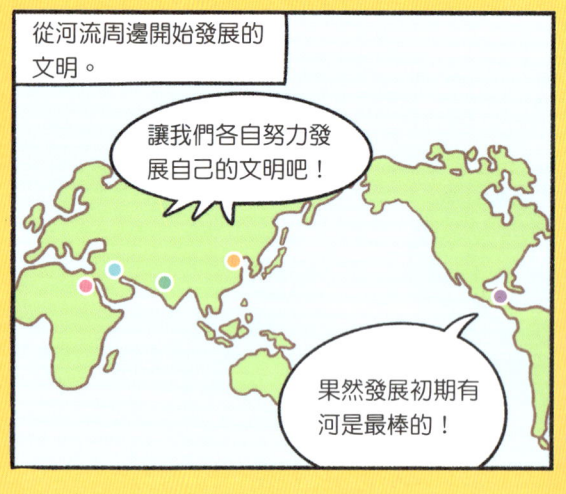

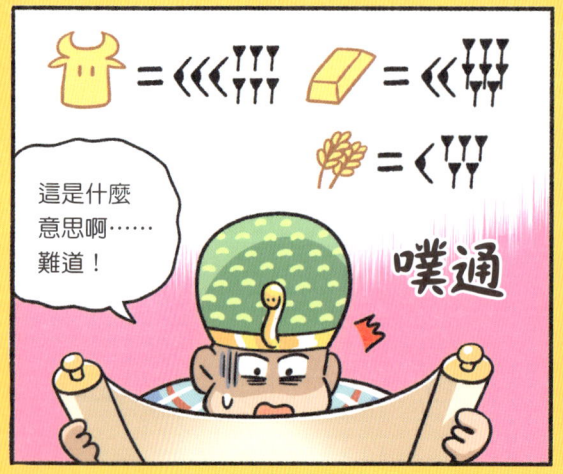

---

從河流周邊開始發展的文明。

讓我們各自努力發展自己的文明吧！

果然發展初期有河是最棒的！

---

什麼工具可以用來統計逐漸增加的人口與資源呢？

嗯……

氣喘呼呼

其他國家傳來了書信！

---

🐂 = ⋘⋘⋘𝖸𝖸𝖸𝖸
🟨 = ⋘⋘𝖸𝖸𝖸𝖸
🌾 = ⋖𝖸𝖸𝖸

這是什麼意思啊……難道！

噗通

---

畫滿了弓箭，是宣戰嗎？

竟敢覬覦我的資源！

慌張

殺啊啊啊

我是邀他做貿易，怎麼打過來了？

## 本章內容

★ 有著「數」意義的文字誕生
★ 各國不同的「數」的寫法

約西元前 4000 年，世界各地的河流流域出現使用文字的痕跡，例如：尼羅河、底格里斯河、幼發拉底河和黃河等地。這些地方同時是古代文明發源地。在這段被稱為「古代」的時期，隨著文明的發展，人們從簡單的符號中發展出帶有「數」的意義的文字。

美索不達米亞文明　印度河流域文明　黃河文明　埃及文明

在人口數、土地數或國家數與日俱增的古代，人們開始測量高度、長度、面積、深度和方向等。各國在測量土地和向人民徵稅時，需要一種既能表達數的意義，又能讓人一看就明白的「數文字」。利用數文字進行測量成了古代重要的治國手段。

# ● 各種有著「數」意義的文字

　　人類文明起源於埃及尼羅河、巴比倫幼發拉底河和底格里斯河，以及中國黃河流域。人們開始定居在這些區域，生活活動變得多樣化，需要記錄的事情也隨之增加。特別是測量土地、建造墓穴或建築物時，更是離不開數字。也因此，這些數不只是單純的符號，而具有更深層的意義。讓我們來看看古代各國是怎麼用文字表示數字的吧？

　　《萊因德數字紙草書》（ Rhind Mathematical Papyrus ）記錄了許多古埃及數學知識，在當時還沒有現代紙張，記錄多仰賴埃及當地生長的紙莎草製成的紙張。紙莎草紙上的數學問題大多是與日常生活相關的計算或測量問題。舉例來說，埃及人為了讓農作物順利生長，他們必須觀察橫貫土地的尼羅河什麼時候會氾濫、會氾濫到什麼程度。要是沒有準確的計算，他們也建不出金字塔。古埃及人採用十進位數，但當時沒有十位數和百位數這種概念，所以，他們用不同的象形文字表示 10、100 這樣的單位。

*《萊因德數字紙草書》*

古巴比倫文明位於今日的伊拉克地區，時間從西元前 2000 年左右延續至西元 1 世紀。當時的巴比倫人用泥土製作泥板，在上面記錄各種事情。這些泥板保存得非常好，所以今日仍有大量泥板文獻留存。例如，哥倫比亞大學收藏的泥板「普林頓 322（Plimton 322）」，上面就記錄了巴比倫人如何用文字表示 1 到 59 的數字。

普林頓 322 上刻的巴比倫數

這種方式被稱為「六十進位」。巴比倫人用 𒐕 表示數字 1，而 11 到 20 則需在原本 1 至 10 的符號前，再加上 𒌋 的符號。透過這樣的系統，我們可以看出巴比倫人已經具備了十位數、百位數等數位概念。不過，當需要表示數字 59 時，就要重複書寫五次表示 10 的 𒌋 和九次表示 1 的 𒐕。大家想像一下，這串表示數字 59 的文字會有多長？由於書寫過於冗長，使得巴比倫數字逐漸被淘汰。

第一章 數字的誕生　29

羅馬數字是在古埃及數文字的基礎上發展而來，是一種更進步的方式。雖然羅馬數字和埃及文字相似，但它是以 5 為單位，而非以 10 為單位。例如：1、2、3 分別寫成 I、II、III；5 用 V 表示；而 4 是 5（V）減去 1（I），所以在 V 的左邊放上 I 表示減去的意思，寫成 IV。6 是 5 加 1，所以在右邊加上 I，寫成 VI。由此可見，羅馬人在表現數的文字中融入了基本的加減法概念。

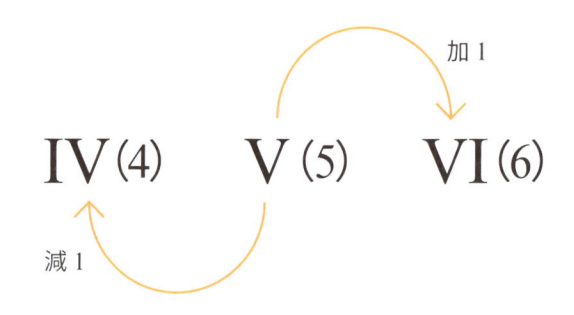

IV (4)　　V (5)　　VI (6)

減 1　　　　　　加 1

中國古代有用動物骨頭創造出的「甲骨文」。早在那個時代，中國已經開始使用十進位，每 10 個為一單位，進行位數遞進。

中國的甲骨文

古代馬雅文明採用了二十進位。當數字滿 20 就會進位，並產生新的數位，而被取代的位置則會寫上 0。

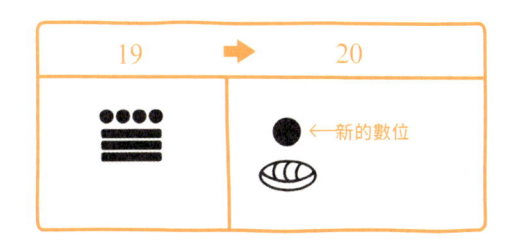

馬雅人的數字系統比中國還要進步。他們以 5 為單位表示數字。例如：表示 6 時，會在 5 的符號上方加上一個點，表示 7 時，就加兩個點。

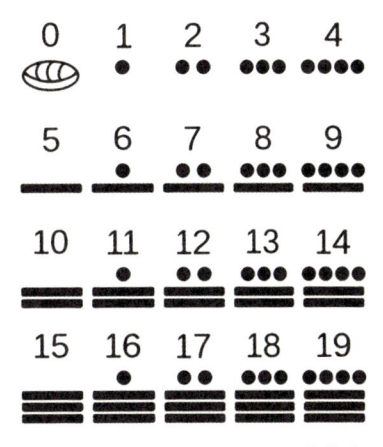

馬雅數字

## 利用數字辨識路徑的掃地機器人

人類擁有大腦和眼睛，能快速判斷尚未探索的區域，也能判斷不宜進入的區域。那麼，沒有大腦和眼睛的掃地機器人是如何判斷的呢？掃地機器人內建測量距離的感應器，能從多個角度反覆拍攝同一目標，藉此比對位置差異。它會將觀察到的目標大小、高度等資訊轉換成數字，並根據那些數字建立 3D 立體空間圖，判斷出最佳移動路徑。

第一章 數字的誕生　31

# 5. 比文字更容易書寫的印度-阿拉伯數字

★ 國中小數學銜接 ★
一年級：10以內的數、50以內的數、100以內的數
二年級：三位數
三年級：四位數

---

哇，他們在幹嘛？
是市場饒舌大賽嗎？
大城市真有趣！

MMMCMXCIX!

心跳加速

MMCCCXLVI!

---

所以三十個的價格是……
MMMCMXCIX？

你在說什麼啦，明明
是MMCCCXLVI才對！

什麼？

原來是在唸
數字，不是
在比饒舌？

---

鏘鏘～這樣寫數字會
更簡單喔！這是印度-
阿拉伯數字！

0 1 2 3 4
5 6 7 8 9

原來數字可以
寫得這麼簡單？

哇嗚

驚

---

年輕人，你有資格
獲得這條項鍊！

頒給他合格項鍊～

呦呼！

答對的獎金是
39800韓元！

SHOW ME THE MATH

噴

### 本章內容

★ 印度-阿拉伯數字誕生的原因

★ 印度-阿拉伯數字的使用方法

---

我們現在使用的 1、2、3、4、5、6、7、8、9、0 這 10 個數字，連同它們的各種組合，統稱為「阿拉伯數字」。數學家費波那契（Fibonacci）曾在他的著作《計算之書》（*Liber Abaci*）中，首次在歐洲介紹這種數字，說明它如何讓計算變得更加簡單。

> 「只要用 9、8、7、6、5、4、3、2、1 這九個印度數字，再加上 0，我們就能表示出任何數字。」

多虧了費波那契將這種數字引入歐洲，當地的銀行業和會計業得以迅速發展。為什麼這套數字系統最早出現在印度和阿拉伯地區呢？這是因為這兩個地區是東西方貿易的樞紐，數字在交易中是非常重要的。人們在交換商品、比較數量和大小時，對「計算」的需求大幅增加。這種來自印度的數字，經過阿拉伯地區傳播開來，正好解決了人們對計算和記錄的需求。

由於來來往往的阿拉伯商人非常多，成為傳播印度數字的重要媒介，就這樣，這套起源於印度，經由阿拉伯傳入歐洲的數字系統被稱為「印度-阿拉伯數字」。

# ● 能表示所有數字的印度-阿拉伯數字

　　印度-阿拉伯數字包括 0、1、2、3、4、5、6、7、8、9，共 10 個數字，透過不同的排列組合，我們就能表示任何想要表達的數字。那麼，為什麼是 10 個數字呢？是因為我們有 10 根手指頭嗎？有趣的是，英文中的「Number（數字）」一詞，據說源自於「Fist（拳頭）」。

| 古印度 | － | ＝ | ≡ | ＋ | ㄨ | ㄣ | ㄗ | ㄘ | ㄜ |
|---|---|---|---|---|---|---|---|---|---|
|  | ๐ | ९ | ੨ | ३ | ४ | ५ | ३ | ७ | ८ |
| 阿拉伯 | ٠ | ١ | ٢ | ٣ | ٤ | ٥ | ٦ | ٧ | ٨ | ٩ |
| 中世紀 | O | I | 2 | 3 | 8 | ५ | 6 | ʌ | 8 | 9 |
| 現代 | 0 | 1 | 2 | 3 | 4 | 5 | 6 | 7 | 8 | 9 |

表示數的各種符號

|   | 千位數 | 百位數 | 十位數 | 個位數 |
|---|---|---|---|---|
| 1 | M | C | X | I |
| 2 | MM | CC | XX | II |
| 3 | MMM | CCC | XXX | III |
| 4 |  | CD | XL | IV |
| 5 |  | D | L | V |
| 6 |  | DC | LX | VI |
| 7 |  | DCC | LXX | VII |
| 8 |  | DCCC | LXXX | VIII |
| 9 |  | CM | XC | IX |

**羅馬數字表**

讓我們看著上面的羅馬數字表，試著表示2421吧！

$$2421 = MM + CD + XX + I = MMCDXXI$$

在印度-阿拉伯數字系統中，我們只需要「2、4、1」這三個數字就能表示出「2421」這個數字。為什麼這麼簡單呢？這是因為這個數字系統中的「數位」概念。以2421為例，第一個「2」代表有兩個1000；第三個「2」表示有兩個10。雖然是相同的數字，但位置不同，代表的數值也不同。在這套系統誕生之前，像10和13這樣的數字沒有任何共通點，直到人們發現，同一個數字如果往前移一位時就會變成原來的10倍，這就是十進位制的原理。印度-阿拉伯數字採用了這個概念，因此數字的表達變得更簡單了。

羅馬數字最大只能寫到 3999（MMMCMXCIX）。由於羅馬數字不容易表達大的數字，那麼人們又是怎麼進行計算呢？請大家對照前面的羅馬數字表，嘗試計算以下的算式吧。

DCCCLXXVI - DCCXXXVIII ＝ ？

「DCCCLXXVI － DCCXXXXVIII」的答案是 CXXXVIII。這種計算方式看起來是不是很陌生，數字長度也非常長呢？不過，如果使用印度-阿拉伯數字，計算就會變得簡單許多：876 － 738 ＝ 138。印度-阿拉伯數字與其他數字系統最大的不同之處是，它減少了表達數字時需要的符號數量。以加法為例，只需要把每一位的數字相加，超過 10 就進位。

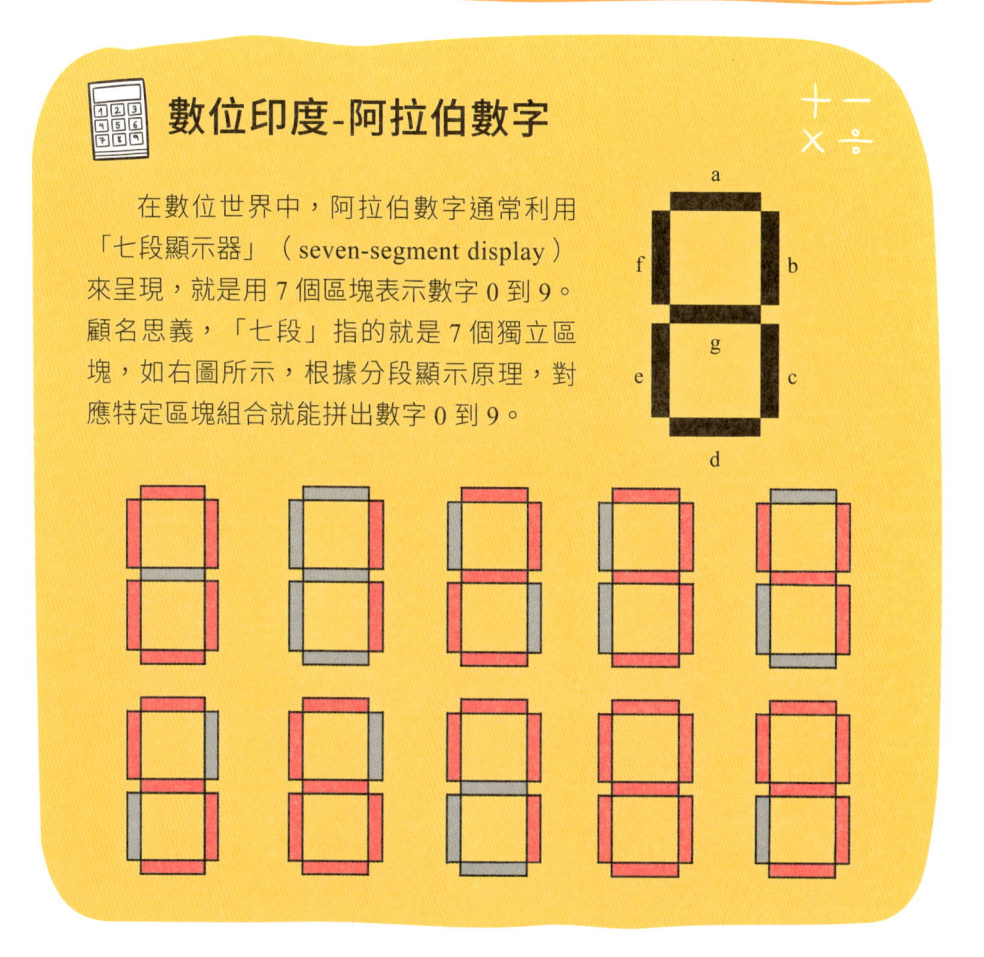

$$\begin{array}{r}\overset{6\;10}{8\cancel{7}6}\\-\;738\\\hline 8\\30\\100\\\hline 138\end{array}$$

▶ 16 - 8
▶ 60 - 30
▶ 800 - 700

$$\begin{array}{r}\overset{6}{8\cancel{7}6}\\-\;738\\\hline 138\end{array}$$

$$\begin{array}{r}27\\+\;38\\\hline 15\\50\\\hline 65\end{array}$$

## 數位印度-阿拉伯數字

在數位世界中，阿拉伯數字通常利用「七段顯示器」（seven-segment display）來呈現，就是用 7 個區塊表示數字 0 到 9。顧名思義，「七段」指的就是 7 個獨立區塊，如右圖所示，根據分段顯示原理，對應特定區塊組合就能拼出數字 0 到 9。

第一章 數字的誕生 37

# 6. 區分數和數字的數的名稱

★ 國中小數學銜接 ★
一年級：10 以內的數字、50 以內的數字、100 以內的數字
二年級：三位數
三年級：四位數

**本章內容**

★ 數與數字的差異
★ 基數和序數

像 1、2、3 這樣的數,雖然我們稱之為「自然數」,卻不會說它們是「自然數字」。這一點就說明了「數」和「數字」其實是不同的概念。讓我們一起來了解它們有什麼差別吧。

人類為了表示自己擁有的物品數量,創造了表示數量的文字,而隨著時間過去,逐漸演變出更簡單的文字,來表示物品的數與量。

正如文字的發明讓我們能夠記錄歷史一樣,數字的出現讓人類可以準確地表達數量,並進行計算。許多國家都投入心力探索有效表達數量的方法,像是我們前面提到的埃及、羅馬、中國和巴比倫的數字系統,這些都是人類努力的成果。現在讓我們看一下字典中「數字」一詞的定義吧?

**數字**

數:計算事物的序碼。
字:記錄語言的符號。

→ 表示數目的文字或符號。

按照這個定義,所有用來表達數目的文字或圖形都可以被稱為「數字」。在數學中,「數字」是用來表達「數」的符號,而「數」本身則代表數量(多或少)、大小、範圍、順序等概念。舉例來說,當我們說「3盒巧克力」或「3罐可樂」時,這裡的「3」代表的量就是「數」,而我們用數字「3」來表示它。單獨的「3」並無實質意義,只有當它變成「3罐可樂」時,「3」才具有「數」的意義。

用數字3才能明確表達巧克力和飲料的量!

3 盒巧克力

3 罐可樂

# ● 數和數字,基數和序數

讓我們更精確地區分「數」和「數字」吧。首先,自然數可以進一步分為「基數」和「序數」。

「請給我 1 顆西瓜。請給我 2 瓶飲料。」

像這樣用來表示「數和量」的數,如 1、2、3 等,我們稱為「基數」。

相對地,表示「順序」的數則稱為「序數」,通常有三種表示方式:一是在整數前加上「第」字,如第一、第二;二是直接於序數後接量詞或名詞。如:3 樓、4 號;三是習慣表示法,如頭一回、三女兒。

例如,在韓國道路地址系統中,我們會使用序數進行編號。韓國政府首爾辦公大樓的門牌地址是世宗大路 209 號。以世宗大路為起點,左側是奇數號碼,右側是偶數號碼,藉此我們可以判斷出韓國政府首爾辦公大樓位於世宗大路左側。*

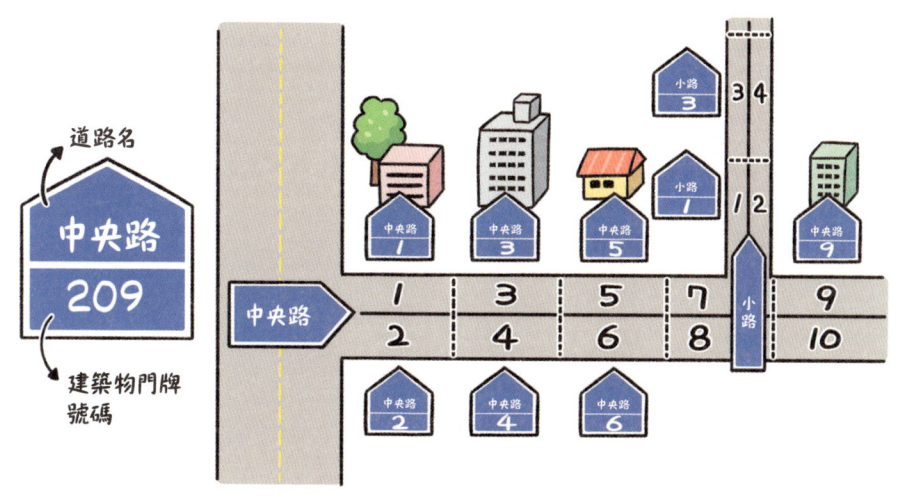

第一章 數字的誕生 41

當我們需要辨識大量的物品或人時，數字就能派上用場，像是身分證字號的設計初衷就是為了能夠區分每一位國民。韓國在過去可由身分證字號得知出生登記的地區，但自 2020 年 10 月起，這些資訊已經被改為無法識別地區的編碼系統。同樣地，手機號碼的設計也是為了讓每個人擁有不重複的專屬編號。這時候，數字的角色不再是表示「數或量」，而是作為用來識別個體的「辨識符號」。

然而，相同的數字，寫法與唸法會有所不同。像是最近在首爾新落成了一棟高達 555 公尺的大樓，是全世界第五高。我們會唸成「五百五十五公尺」，而不是「五五五公尺」，是因為即使都是數字 5，但在十進位中，出現在第一位、第二位和第三位的 5 分別代表不同的意義。

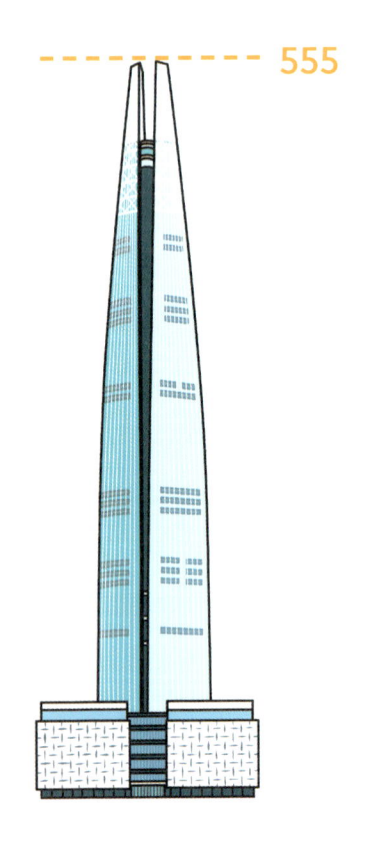

555

| 5 | 5 | 5 |
|---|---|---|
| 百位數 | 十位數 | 個位數 |

看著這個時鐘，請你說出現在是幾點幾分吧！

我們不會說成「一二點一二分」或「一二時一二分」，而是讀作「十二點十二分」，「時」、「點」和「分」都是我們現在表示時間的單位。而早在古代的韓文以及中文中，已有「小時」、「時辰」的表達方式，「分」與「秒」這樣進一步細分時間的單位，則是從中文開始，之後傳入韓國的。

\* 註：臺灣的道路地址系統也是以序數進行編號，東西向的道路，通常北邊為單號，南邊為雙號；南北巷的道路則是東邊為單號，西邊為雙號。

# 7. 以四位為一組表示的大數單位

★ 國中小數學銜接 ★
四年級：大數

**本章內容**

★ 分組計數的方式　　★ 表示大數的單位
★ 大數單位的活用　　★ 大數的讀法

　　隨著人們接觸的數字越來越大，數學上就出現了「大數的單位」。像是 1、10、100 這樣的數，只要在 1 後面一直加 0，就可以創造出無限擴展的大數單位。在日常生活中，我們最常接觸的大數單位大多都跟錢相關。

　　隨著「數」和「數字」的應用範圍擴大，各種表示「大數」的名稱也相繼出現。不同國家、地區和語言，對大數單位的命名標準也各不相同。你知道這些越來越大的數字單位到底有多大嗎？像我們熟悉的搜尋引擎 Google，它的名稱就是源自一個非常巨大的數字「古戈爾」（googol），意思是 1 後面加上 100 個 0。就像它的名字一樣，Google 也真的成為了處理龐大資訊的公司。

　　數的單位包括 1（一）、10（十）、100（百）、1000（千）、10000（萬）、100000（十萬）、1000000（百萬）、10000000（千萬）、100000000（億）……可以無限延伸。如果我們在 1 後面加上 100 個或 1000 個 0，就能繼續創造出更大的數字單位。例如，比古戈爾更大的單位，那就是古戈爾普勒克斯（googolplex），也就是以古戈爾為次方指數的數。這麼大的數在現實生活中用不到，但具有象徵意義。簡單來說，只要我們願意，我們可以創造出無限的數字單位。

第一章　數字的誕生

# ● 表示大數的單位

在國小的數學課時,我們會學到「億」和「兆」這兩個大數單位。億是指1後面加上8個0。如果我們以每秒讀一個數字的速度,1、2、3……這樣讀下去,要讀到1億,就要花上1億秒。這相當於1157天,差不多是三年又二個月。雖然1億這個數字大到難以想像,但在日常生活中卻經常被使用。例如,當我們描述全世界大約有80億人口時,就會用到「億」這個單位。既然「億」已經這麼大了,那兆又有多大呢?當我們談論國家預算或企業年度產量時,會使用兆這個單位。一些韓國大企業的年度營業額甚至可能高達數兆韓元呢。

為什麼我們要學習日常生活中幾乎用不到的超大數字呢?原因是我們需要掌握一個規則:每四位數構成一個單位,當數字越來越大時,進入下一組四位數,就會出現新的大數單位。同時,這也幫助我們學會正確讀出這些新單位。因為這些讀法是約定俗成的,因此準確讀出和寫出大數,才能確實表達出正確的數量。

| 1 | 10 | 100 | 1000 | 10000 | $10^8$ | $10^{12}$ | $10^{16}$ | $10^{20}$ | $10^{24}$ | $10^{28}$ |
|---|----|-----|------|-------|--------|-----------|-----------|-----------|-----------|-----------|
| 一 | 十 | 百 | 千 | 萬 | 億 | 兆 | 京 | 垓 | 秭 | 穰 |
| $10^{32}$ | $10^{36}$ | $10^{40}$ | $10^{44}$ | $10^{48}$ | $10^{52}$ | $10^{56}$ | $10^{60}$ | $10^{64}$ | $10^{68}$ | |
| 溝 | 澗 | 正 | 載 | 極 | 恆河沙 | 阿僧祇 | 那由他 | 不可思議 | 無量大數 | |

數的單位

當我們談論數的單位時，會從 1（一）、10（十）、100（百）、1000（千）、10000（萬）……這樣每次增加 10 倍的方式來表示。而從萬開始，單位則依序為萬、億、兆、京……每往上一級就是在數字後面增加 4 個 0，也就是每次增加 1 萬倍。

而在中文裡，「百」、「千」、「萬」除了可以表達明確的數量，也常用來引申表達數量眾多的意思，讓我們來瞭解幾個吧。

中文常以「百」、「千」、「萬」表示眾多、時間極長或是多到不可數的意思。像是：我們會祝福剛結婚的人「百年好合」，「百年」即是指很多年、一輩子的意思；當表示數量多到數不清時，會用「成千上萬」，「千」和「萬」在此即表示數量眾多；又或是當我們想表示人潮眾多時，會用「萬人空巷」來表達，這裡的「萬人」並不是真的有 1 萬人，而是表示人非常多的樣子。

在日常生活中，我們很少會用到大數，也很少有機會要一個一個寫出或讀出那些數字。不過，當我們看電視新聞或上網查資料時，還是會遇到必須看懂或寫出大數的情況。這時候，我們可以依照每四位數為一組的方式去讀出數字。因為我們的數字單位是以「萬、億、兆」順序排列。只要按照這個規則，每四位為一組讀出來，例如「幾千幾百幾十幾」。無論數字多大都能輕鬆讀出。要不要一起來挑戰讀出大數呢？像是光在一年中所行進的距離被稱為「一光年」，這是個非常龐大的數字，不過，只要我們用四位數為一組的方式去讀，就會變得簡單很多喔。

$$1 \text{光年} = 9460730472580800\text{m}$$
$$9460：7304：7258：0800$$
$$9460\ \text{兆}\ 7304\ \text{億}\ 7258\ \text{萬}\ 800\ \text{公尺}$$

　　接著只要依序加上萬、億、兆等單位，就能輕鬆讀出 9460 兆 7304 億 7258 萬 800 公尺。寫大數的時候，也可以像讀的時候一樣，每四位為一組書寫。不過，一旦數字變得太長，就很容易看錯或寫錯，為了避免這種情況，我們會從個位數開始，每三位數加一個逗號（,）來分隔。之所以每三位加一個逗號，是因為世界上大多數國家都採用這種表示方式，但是在讀數字時，中文則習慣每四位數為一組去讀，所以，大家要清楚區分「數字的書寫方式」和「中文讀數的方式」，這樣才能避免混淆！

## 大數單位整理

- 古戈爾（10 的 100 次方）：1 後面加上 100 個 0 的數。
- 阿僧祇（10 的 140 次方）：1 後面加上 140 個 0 的數。
- 百萬的百乘＊（10 的 600 次方）：1 後面加上 600 個 0 的數。
- 斯奎斯數（10 的 3400 次方）：1 後面加上 3400 個 0 的數。比古戈爾普勒克斯小。
- 古戈爾普勒克斯（10 的古戈爾次方，也就是 10 的 10 億次方）：1 後面加上 10 億個 0 的數。
- 古戈爾雙普勒克斯：比古戈爾普勒克斯大。1 後面加上 1 兆個 0 的數。
- 葛立恆數：1 後面加上 100 兆個 0 的數。是目前被命名中的最大數。

＊註：centillion，在中文目前無對應翻譯。

# 8. 從不斷分割中找到的小數單位

★ 國中小數學銜接 ★
二年級：分數與小數
四年級：二位小數

---

大家知道這世上不僅有大的數字，還有小的數字喔！

小的數字……？

希臘數學家芝諾

Hey Listen～

---

有個人從距離烏龜100步遠的地方開始追烏龜，

兩者之間的距離每次都減半

嘻嘻嘻嘻

但是那個人永遠無法追上烏龜！

---

怎麼可能啦！人應該快得多吧？

議論紛紛

因為兩者之間的距離會被無限分割。

---

啊哈～我完全懂了！

啊哈～

其實沒懂

**本章內容**

★ 表達小數的單位
★ 小數單位的活用法

　　古希臘哲學家芝諾（Zenon，約西元前490年～430年）曾提出一個悖論：即使是跑得再快的男人，也永遠追不上前方緩緩爬行的烏龜。讓我來用一個更貼近生活的例子，幫助大家理解吧。假設你有一根法國長棍麵包，你每次都把它精準地切成一半，第一次吃掉 $\frac{1}{2}$，每次都吃掉剩餘的一半。那麼，你能吃到什麼時候呢？每次把一根法國長棍麵包切成 $\frac{1}{2}$，雖然都會有剩，但剩下的會越來越小，對吧？貌似能天長地久地吃下去，但實際上，很快就會因為太小而無法再切下去，可能嘗試切幾次，你就會放棄了。現在，讓我們把「男人和烏龜的距離」想像成這根法國長棍麵包，一直不斷地分成 $\frac{1}{2}$。理論上，如果男人想追上烏龜，他就必須超越無限多個越來越短的距離，但這是不可能的。這就是小數單位的概念。

第一章 數字的誕生

當我們不斷將某個固定的長度或面積切對半，就會得到越來越小的數值。這樣的想法在過去可能被視為無用的幻想，但在現代生活中，這些極小的數字卻非常實用。舉例來說，每次將 1 除以 10，就會得到 0.1、0.01、0.001、0.0001……越來越接近 0 的超小數字。像奈米（nm）、微米（μm）這些小到肉眼無法辨識的長度單位，經常使用在工業上。

　　小數單位和大數單位一樣複雜，常被用於化妝品、半導體、資訊科技等產業和科學領域。如果我們能夠認識這些小數單位，並了解它們代表的實際大小，那麼以後遇到科技或科學相關知識時，就不會覺得難懂。

# ● 表達小數的單位

　　以 1 為基準,每當數字增加 10 倍時,我們會依序使用 1、10、100、1000 等單位。這些每次增加 10 倍的單位,在日常生活中常會用到,所以我們對它們相當熟悉。反之,以 1 為基準,每次減少 $\frac{1}{10}$ 的數字則會變成 1、0.1、0.01、0.001。這種每次減少 $\frac{1}{10}$ 的單位,在日常生活中比較少見,所以我們會感到陌生。

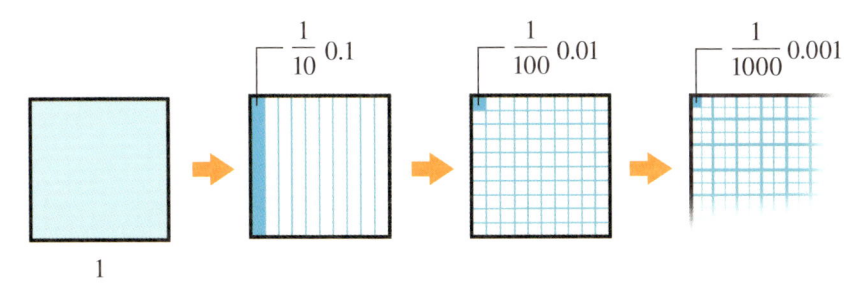

　　比 1 更小的小數單位,0.1 讀作「零點一」;0.01 讀作「零點零一」;0.001 讀作「零點零零一」。在科技進步的今天,我們越來越常使用毫米、微米、奈米等小數單位。例如,在看氣象局空氣品質預報時,我們會從懸浮微粒(PM)相關資訊看到這些小數單位。這些懸浮微粒直徑遠小於人類的頭髮,肉眼幾乎難以辨識,因此通常用微米($\mu$m)來表示。

　　如果我們每次都將 1 以 $\frac{1}{10}$ 分割,就能不停地創造出更小的小數單位。比如說,1 的 $\frac{1}{10}$ 是 0.1;0.1 的 $\frac{1}{10}$ 是 0.01;0.01 的 $\frac{1}{10}$ 是 0.001。這個過程可以無止盡地繼續。那麼,讓我們一起探索究竟能創造出多小的數吧!

| 印度-阿拉伯數字 | 分數標記 | 中文 | 國際單位 | 符號 |
|---|---|---|---|---|
| 0.1 | $\frac{1}{10}$ | 分 | deci | d |
| 0.01 | $\frac{1}{100}$ | 厘 | centi | c |
| 0.001 | $\frac{1}{1000}$ | 毫 | milli | m |
| 0.0001 | $\frac{1}{10000}$ | | | |
| 0.00001 | $\frac{1}{100000}$ | | | |
| 0.000001 | $\frac{1}{1000000}$ | 微 | micro | μ |
| 0.0000001 | $\frac{1}{10000000}$ | | | |
| 0.00000001 | $\frac{1}{100000000}$ | | | |
| 0.000000001 | $\frac{1}{1000000000}$ | 奈 | nano | n |
| 0.0000000001 | $\frac{1}{10000000000}$ | | | |
| 0.00000000001 | $\frac{1}{100000000000}$ | | | |
| 0.000000000001 | $\frac{1}{1000000000000}$ | 皮／皮可 | pico | p |
| 0.0000000000001 | $\frac{1}{10000000000000}$ | | | |
| 0.00000000000001 | $\frac{1}{100000000000000}$ | | | |
| 0.000000000000001 | $\frac{1}{1000000000000000}$ | 飛 | femto | f |
| 0.0000000000000001 | $\frac{1}{10000000000000000}$ | | | |
| 0.00000000000000001 | $\frac{1}{100000000000000000}$ | | | |
| 0.000000000000000001 | $\frac{1}{1000000000000000000}$ | 阿／阿托 | atto | a |
| ⋮ | ⋮ | ⋮ | ⋮ | ⋮ |

我們用來測量長度單位的 1 公尺也包含了更小的單位。1 公尺的 $\frac{1}{10}$ 是 10 公分；如果再把這 10 公分平均分成 10 份，就是 1 公分；如果又把這 1 公分再分成 10 份，就是 1 公釐。大家應該覺得這些單位很眼熟吧？沒錯，那就是公分（cm）和公釐（mm）！也就是說 1 公分等於 1 公尺的 0.01；1 公釐則等於 1 公尺的 0.001。

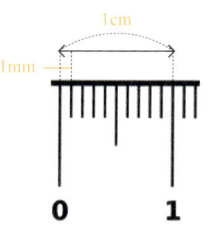

另外，像我們用來測量重量或容量時，常見的 1 毫克（0.001，$\frac{1}{1000}$ g）或 1 毫升（0.001，$\frac{1}{1000}$ L），其實也是根據相同原理創造出來的單位。

在西方小數單位還未傳入中國前，古代的中文裡，也有一些表達極小的單位，像是「剎那」與「清淨」。

剎那 ▶ 0.000000000000000001
清淨 ▶ 0.000000000000000000001

「剎那」是小數點後加上 17 個 0，在第 18 位才出現 1；而「清淨」則是小數點後加上 20 個 0，才會出現 1。剎那和清淨都是小到不可思議的數，換句話說，我們的祖先擁有觀察細微的能力，才能使用這種形容極短暫時間的「剎那」和形容極其乾淨空間的「清淨」來觀看這個世界。

## 電腦裡的小數單位

在隨身碟等行動硬碟上會標示 8GB、16GB、32GB、256GB 等，這些數字指的是儲存裝置的容量。1GB（Gigabyte）約可容納一部兩小時的電影，32GB 的隨身碟大概能存 30 部左右的電影，很驚人吧。要在這麼小的裝置中存這麼多的資訊，就必須使用非常精密的電路。電腦零件是透過奈米製程製造出來的。奈米是個超乎想像的超小單位，是 $\frac{1}{1000000000}$（10 億分之 1），是小到幾乎無法想像的小數單位。1 奈米（nm）等於 1 公尺的 10 億分之一，簡直小到難以想像吧？

第一章 數字的誕生

# 第二章 數的發展

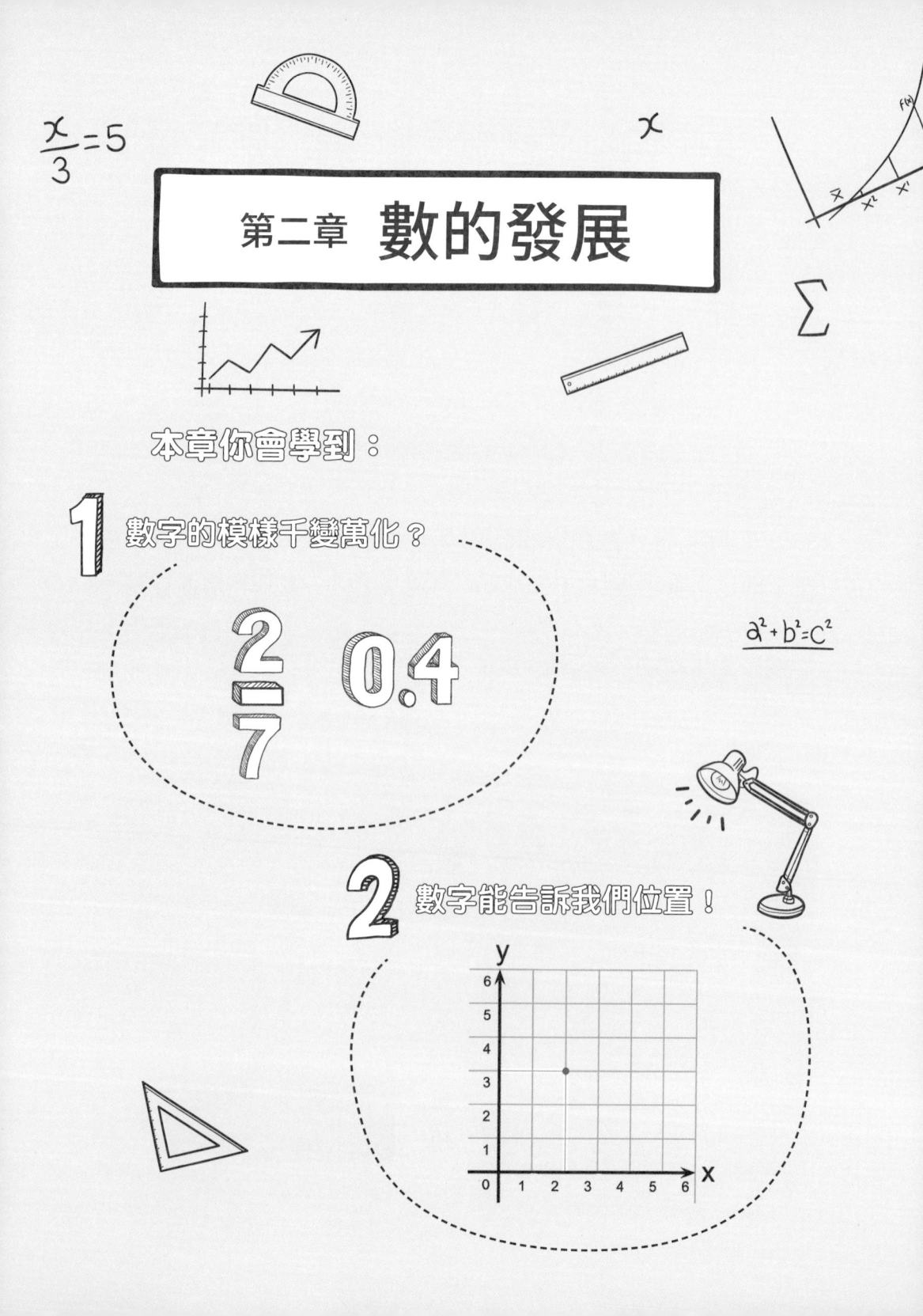

本章你會學到：

**1** 數字的模樣千變萬化？

$\frac{2}{7}$   0.4

**2** 數字能告訴我們位置！

## 3 相同的數字，但數位不同，意義也會不同嗎？

$$3250 \text{ vs } 523$$

## 4 二進位、十進位、十二進位，不同文化中使用的方法也不同！

$$01010101 \qquad 234$$

$\frac{128}{2^7} \frac{64}{2^6} \frac{32}{2^5} \frac{16}{2^4} \frac{8}{2^3} \frac{4}{2^2} \frac{2}{2^1} \frac{1}{2^0}$ $\qquad$ $\frac{100}{10^2} \frac{10}{10^1} \frac{1}{10^0}$

$2 \times 100 + 3 \times 10 + 4 \times 1 = 234$

# 9. 從公平分配開始的分數

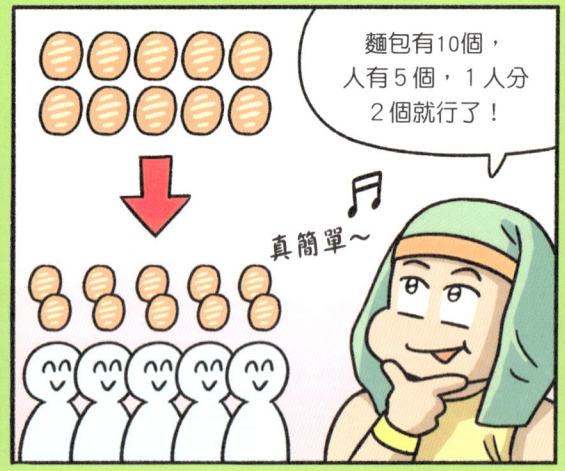

★ 國中小數學銜接 ★
三年級：分數

### 本章內容

★ 分數的讀法和寫法　　★ 分數的種類
★ 分數的各種意義

在古代，如果有 5 個埃及人要分 4 個麵包，他們會怎麼做呢？他們會先將每個麵包對切，讓每個人先分到 1 塊，再把剩下的麵包湊在一起，然後平均分成 5 份，讓每個人再各分 1 份。

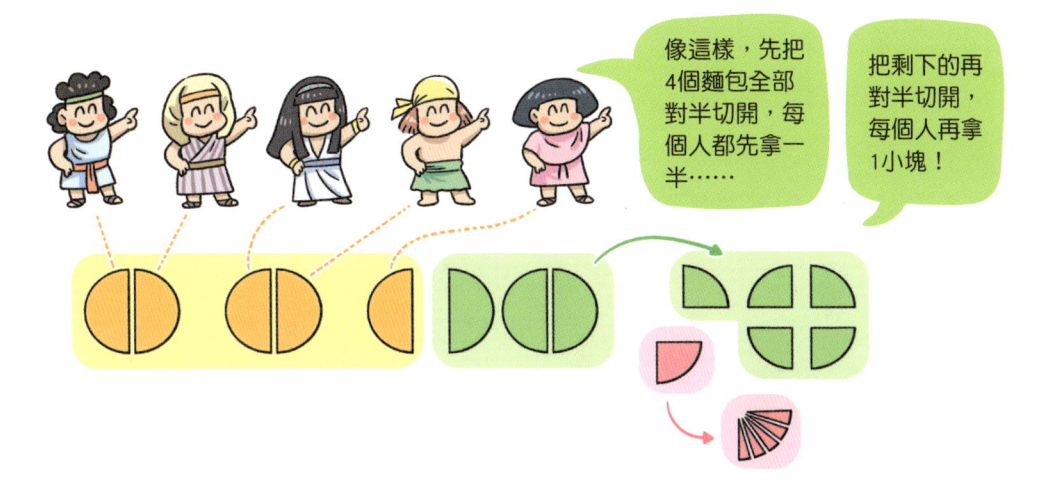

> 像這樣，先把 4 個麵包全部對半切開，每個人都先拿一半……

> 把剩下的再對半切開，每個人再拿 1 小塊！

當我們把 1 個麵包分成 2 塊或 4 塊的時候，現代人會用 $\frac{1}{2}$ 或 $\frac{1}{4}$ 來表示。如果再將 $\frac{1}{4}$ 分成 5 等份，則寫成 $\frac{1}{20}$。古埃及人很早就懂得切分 1、2、3 這樣的數字，用來計數和表示大小。像 $\frac{1}{2}$、$\frac{1}{3}$、$\frac{1}{4}$ 這樣的數字，我們稱之為「分數」。分數中間橫線下方的數字稱為分母，表示總共被分成幾份，上面的數字則稱為分子，表示其中的幾份。$\frac{1}{2}$ 讀作二分之一，$\frac{2}{3}$ 則讀作三分之二。

在和朋友一起分蛋糕或披薩的時候，或者要把一張紙剪成等長時，分數就變得非常實用。因為分數能夠準確地表示「小於1」的數量，是我們必須掌握的重要數學概念。

假設有人想多吃一點方形派，就把方形派切成像右圖的形狀。這樣的切法還能叫做 $\frac{1}{4}$ 嗎？

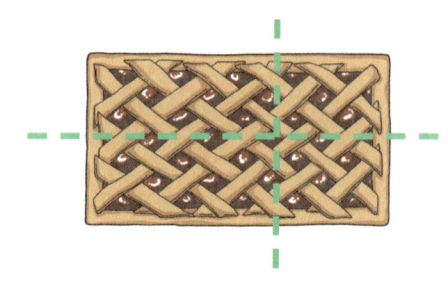

像這樣切出來大小不一的派不能稱為 $\frac{1}{4}$ 塊。因為 $\frac{1}{4}$ 的意思是把一個東西平均分成4份，其中的一份才叫做 $\frac{1}{4}$。有很多方法可以把東西平分成4份，這樣的分法也被稱為「四等分」。

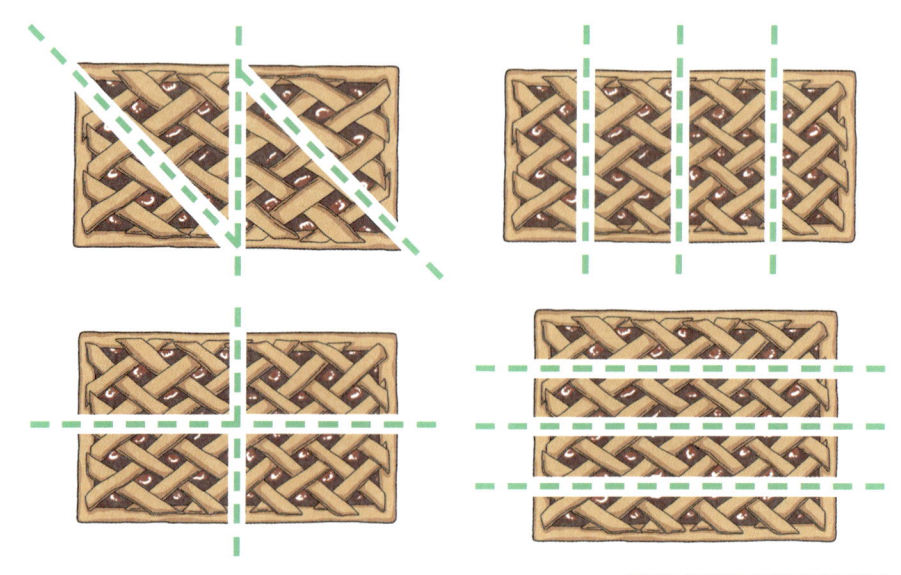

**派分成四等分的各種方法**

# ● 古代的分數

分數就像在一根棍子的上下寫上數字。

$$\frac{3}{4}$$
　⋯分子
　⋯分數線
　⋯分母

分數的概念可追溯至古埃及時期,最早的紀錄出現在《萊因德數字紙草書》中,當時埃及人需要利用分數,將物品平均分配。那時候,他們只需要表示「把 1 個物體分成幾等份」,因此,只使用了分子為1的分數,像是 $\frac{1}{2}$、$\frac{1}{3}$、$\frac{1}{4}$、$\frac{1}{5}$,這類分數稱為「單位分數」。除了如 $\frac{2}{3}$、$\frac{3}{4}$ 的特殊例外,古埃及人幾乎只使用單位分數,並會以象形文字來表示。所以在學習分數的時候,單位分數是非常基礎的概念。

**古埃及人寫分數的方式**

| $\frac{1}{2}$ | $\frac{1}{3}$ | $\frac{1}{4}$ | $\frac{1}{5}$ | $\frac{1}{6}$ | $\frac{1}{7}$ |
|---|---|---|---|---|---|
| ⊃ | 〇⫼ | 〇⫼ | 〇⫼ | 〇⫼ | 〇⫼ |

不只是古埃及人,古希臘和古羅馬人也會使用單位分數表示分數。這種表示方式一直沿用到 17 世紀的歐洲。至於現在我們熟

第二章 數的發展

悉的分數寫法據說起源於印度。

　　古巴比倫人也使用分數。在西元前 1800 年左右，並以楔形文字將分數刻在泥板上。不同於古埃及人只使用分子為 1 的單位分數，古巴比倫人採用的是 60 進位的分數系統，分母固定為 60。因為他們只記錄分子，所以剛發現泥板的時候，沒有人知道那是分數。直到後來學者成功解讀泥板後，才發現那些是分數。

　　在古希臘有多種分數表示法，其中一種是使用小寫字母表示分母，並在後面加上符號（'），用來區別自然數。另一種寫法則是將分母寫在上方，分子寫在下方，跟我們現在的寫法——分子寫在上面，分母寫在下面，正好相反，而且兩個數字中間沒有分數線。雖然這些寫法和現代分數寫法不同，但古希臘的分數寫法對後來分數系統的發展，影響深遠。

| 現代的分數 | $\frac{分子}{分母}$ | $\frac{1}{2}$ | $\frac{1}{3}$ | $\frac{1}{4}$ | $\frac{1}{5}$ |
|---|---|---|---|---|---|
| 蘇美的分數 | 只寫分子 | 𒌋𒌋𒌋 ($\frac{30}{60}$) | 𒌋𒌋 ($\frac{20}{60}$) | 𒌋𒐊 ($\frac{15}{60}$) | 𒌋𒐊𒐊 ($\frac{12}{60}$) |
| 埃及的分數 | 只寫分母 | ⊃ ($\frac{1}{2}$) | ⵎ ($\frac{1}{3}$) | ⵏ ($\frac{1}{4}$) | ⵏ ($\frac{1}{5}$) |
| 希臘的分數 | 在小寫字母上方加 ' | β' ($\frac{1}{2}$) | γ' ($\frac{1}{3}$) | δ' ($\frac{1}{4}$) | ξ' ($\frac{1}{5}$) |

**各種分數的寫法**

在古希臘，人們很少使用分數，原因在於他們認為只有自然數才是真正的數。因此，當需要表示分數時，他們不會寫成 $\frac{2}{5}$ 這樣的形式，而是用 2：3 這樣的比來表示。

儘管如此，分數的概念自古就存在，並根據不同情況具有不同的意義。以 $\frac{2}{5}$ 為例，既可以表示 5 份中的 2 份，也可以表示「比值」或「除法的商」。接下來，我們一起看看分數的幾種不同意義。

第一種情況是用分數表示**整體中的一部分**。

$\frac{2}{5}$ 代表將一個東西平均分成 5 份後取其中的 2 份，這種「平均分成相同大小」的作法也叫作「五等分」。

5 等分　　　　　　　　　5 等分中的 2 份

第二種情況是用分數表示**比值**。

假設 A 有 3 顆糖果，B 有 4 顆，我們可以用分數來比較他們的糖果數量。我們可以說 A 的糖果數是 B 的 $\frac{3}{4}$，也可以說 B 的糖果是 A 的 $\frac{4}{3}$。這種用法中，誰當基準，誰就放在分母，被比較的

對象放在分子。雖然根據的基準不同，分數值會有所變化，但這種方式依然可以準確地表達兩者之間的比例關係。

第三種情況是用分數表示 除法的商 。

舉個例子，假設要把 500 毫升的牛奶平分給 3 個人，那每人能喝到的量是 500 除以 3，寫成分數形式是 $\frac{500}{3}$。（被除數）÷（除數）可以寫成 $\frac{被除數}{除數}$。因為 500 無法被 3 整除，在這種情況下，就可以用分數表示結果。

就像分數可以有不同的意思一樣，分數也有許多種類。分數的「分」有「分割」的意思，而根據分數的大小或表示方式不同，我們會給分數不同的名稱。像 $\frac{1}{3}$、$\frac{2}{5}$、$\frac{5}{8}$ 這種小於 1 的分數，我們稱為「真分數」；而像 $\frac{2}{2}$、$\frac{5}{3}$、$\frac{7}{6}$、$\frac{11}{8}$ 這種分子大於或等於分母，因為它們的值大於或等於 1，我們稱為「假分數」。「假」的意思就是「不是真的」。因為分數一開始是為了表示小於 1 的數，這樣小於 1 的分數被認為是「真正的」分數，所以稱為「真

分數」；而大於或等於 1 的分數就稱為「假分數」。像假分數 $\frac{5}{3}$ 可以轉換成 $\frac{3}{3} + \frac{2}{3} = 1 + \frac{2}{3}$，寫成 $1\frac{2}{3}$。這種自然數加上分數的形式稱為「帶分數」。在 1 和 $\frac{2}{3}$ 之間雖然沒寫加號，但它的意思就是 1 帶上 $\frac{2}{3}$，「帶」就是「攜帶」的意思，表示自然數攜帶著分數。

**一眼看懂分數**

| 種類 | 真分數 | 假分數 | 帶分數 |
|---|---|---|---|
| 表示形式 | $\frac{3}{4}$ | $\frac{3}{3}$，$\frac{4}{3}$ | $1\frac{1}{3}$ |
| 特徵 | 分子小於分母 | 分子等於或大於分母 | 自然數加上分數 |

## 所有的數都可以用分數表示嗎？

我們平常看到的數字，像自然數 2、3，或小數 4.5 等，都可以寫成分數的形式。比如 $2 = \frac{2}{1}$，$3 = \frac{6}{2}$，$4.5 = \frac{45}{10} = \frac{9}{2}$。那麼是不是所有的數都能寫成分數的形式呢？並非如此。例如，如果有一個正方形的面積是 4 平方公分，其邊長是 2 公分，那當然可以寫成分數。但如果面積是 2 平方公分呢？這時候邊長就無法寫成分數。又例如，當我們用圓的周長除以直徑會得到圓周率，圓周率也無法寫成 $\frac{自然數}{自然數}$ 的分數形式。像面積為 2 平方公分的正方形，邊長為 $\sqrt{2}$ 公分；圓周率為 π，這些無法寫成分數形式的數，我們稱之「無理數」。

# 10. 從數量中產生的分數大小

★ 國中小數學銜接 ★
三年級：分數
五年級：分數的加法、減法和乘法

### 本章內容

★ 分數的大小

★ 分數在日常生活中的用途

假設有一個披薩被切成 8 片，由 4 個人分著吃，每個人都能吃到 2 片。那如果換成同樣大小的披薩，但這次切成 12 片呢？因為還是 4 個人均分，所以是 $12 \div 4 = 3$，也就是每人能吃到 3 片，對吧？乍看之下，好像從原本的 2 片變成 3 片，每個人都多吃了 1 片呢！？

分成 8 片的披薩，每片就是 $\frac{1}{8}$；被分成 12 片的披薩，每片就是 $\frac{1}{12}$。當我們吃掉 8 片中的 2 片，那就是 $\frac{2}{8}$；而吃掉 12 片中的 3 片，那就是 $\frac{3}{12}$。如果用圖形比較，就會發現只要披薩本來一樣大，$\frac{2}{8}$ 和 $\frac{3}{12}$ 的量其實是一樣的。

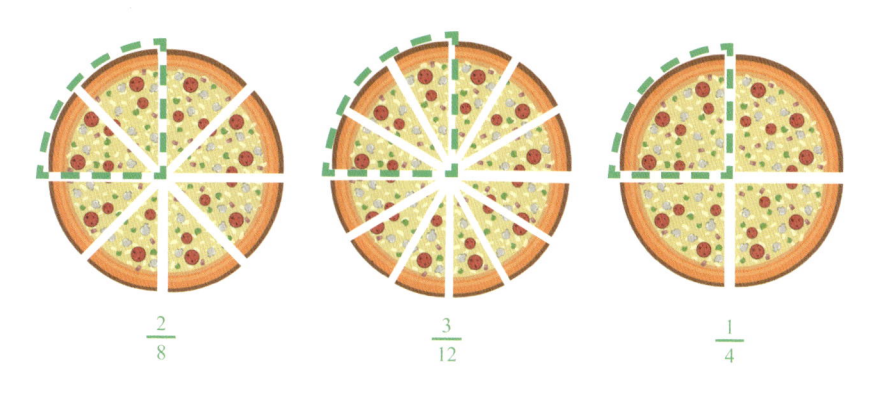

$$\frac{2}{8} \qquad \frac{3}{12} \qquad \frac{1}{4}$$

有時候，即使分數的分子和分母不同，代表的量仍可能相等。那麼我們要怎麼判斷哪些分數代表相同的量呢？只要同時將分母

和分子乘以相同的數字，就可以得到一個和原來分數大小相同的新分數。如下方所示。這也說明了同一個值可以有很多種不同的分數表示法。

$$\frac{1}{4} = \frac{1\times2}{4\times2} = \frac{1\times3}{4\times3} = \frac{1\times4}{4\times4} = \frac{1\times5}{4\times5} = \cdots\cdots$$

$$\frac{1}{4} = \frac{2}{8} = \frac{3}{12} = \frac{4}{16} = \frac{5}{20} = \cdots\cdots$$

假設我們有一個超愛吃披薩的朋友，如果他能多吃一片披薩，那他應該選哪一種情況才能吃得最多呢？是從原本吃的 $\frac{2}{8}$，再加上一片，也就是多吃 $\frac{1}{8}$？還是從原本吃的 $\frac{3}{12}$，再加上一片，也就是多吃 $\frac{1}{12}$？既然我們知道 $\frac{2}{8}$ 和 $\frac{3}{12}$ 表示的量是一樣的，那我們只需要比較「多吃的那一片」，到底哪片比較大就可以了。

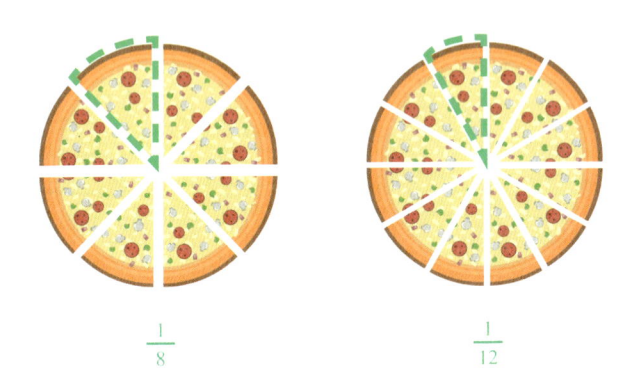

$$\frac{1}{8} \qquad\qquad \frac{1}{12}$$

因為 $\frac{1}{8}$ 比 $\frac{1}{12}$ 個披薩更大，所以如果想多吃一點，當然要選擇 $\frac{1}{8}$ 個披薩。像這樣，學會比較分數的大小，能幫助我們在日常生活中作出更明智的選擇，是吧？

# ● 分數用在哪裡?要怎麼用呢?

　　分數有許多種類,每種分數的大小也會有所不同。接下來,我們簡單地看看要怎麼比較不同類型的分數大小,像是單位分數、真分數、帶分數以及不同分母的分數等。

　　首先來看**單位分數之間怎麼比較大小**。單位分數是指分子為 1 的分數。在這類分數中,分母越小,分數的值就越大。

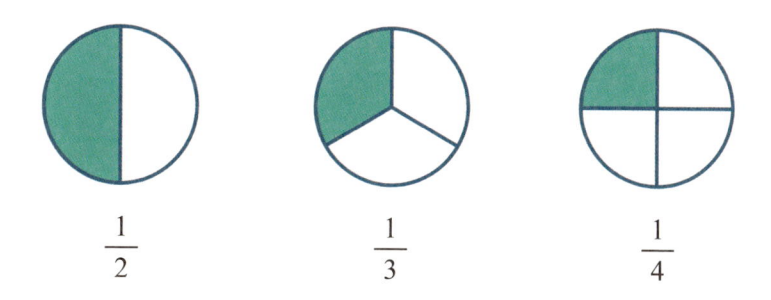

$$\frac{1}{2} \quad \frac{1}{3} \quad \frac{1}{4}$$

　　接著我們看**真分數之間要怎麼比較大小**。請觀察這些分母相同,但分子不同的分數。在這種情況下,分子越大,分數的值就越大。

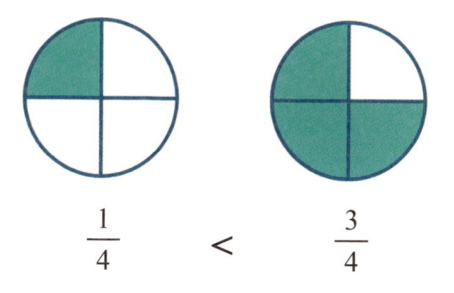

$$\frac{1}{4} < \frac{3}{4}$$

那麼假分數要怎麼比較大小呢？當分母相同時，分子越大，分數的值就越大。

$$\frac{5}{4} < \frac{9}{4}$$

比較帶分數時，首先要看前面的自然數，自然數越大，帶分數的值就越大。如果自然數一樣大，那就要比較後面的分數，這時候，分子較大的分數，它的值較大。

$$3\frac{1}{4} > 1\frac{3}{4} \qquad 4\frac{3}{7} < 4\frac{6}{7}$$

如果我們要比較兩個分母不同的分數，該怎麼做呢？因為分母不一樣，所以無法直接比較大小。這時候，我們必須進行「通分」，也就是把兩個分數的分母變成一樣的，才能進行比較。通分有兩種常見的方法：一種是直接將兩個分母相乘；另一種是找出這兩個分母的最小公倍數（兩個數共同的倍數中最小的數）來乘。現在我們先用下面這兩個分數，來了解分母相乘的方法吧？

$$\frac{1}{4} = \frac{1\times 3}{4\times 3} = \frac{3}{12}$$

$$\frac{2}{3} = \frac{2\times 4}{3\times 4} = \frac{8}{12}$$

$$\frac{1}{4}\left(=\frac{3}{12}\right) < \frac{2}{3}\left(=\frac{8}{12}\right)$$

使用最小公倍數進行通分的原理和分母相乘是一樣的。先找出兩個分母的最小公倍數，讓它們變成一樣的分母。然後，分子也要乘上相應的倍數，這樣一來就能比較兩個分數的大小了。

分數還可以表示大小相同但切法不同的量，食譜中最常見到這種表示法。大家有沒有看過 $\frac{1}{2}$ 顆洋蔥、$\frac{1}{5}$ 塊紅蘿蔔這種寫法呢？或者像蒜泥 3 大匙、太白粉 $\frac{2}{3}$ 杯、醬油 $\frac{1}{2}$ 杯等等。除了 1 個、2 個這種寫法，還出現了 $\frac{1}{2}$ 個、$\frac{1}{5}$ 個、「大匙」、「杯」這些單位。這些全都應用了分數概念。$\frac{1}{2}$ 顆洋蔥是表達數量，意思是把 1 整顆洋蔥平均切成一半後取其中 1 塊；而 $\frac{1}{5}$ 塊紅蘿蔔，則是將 1 根紅蘿蔔切成 5 份後取其中 1 份。

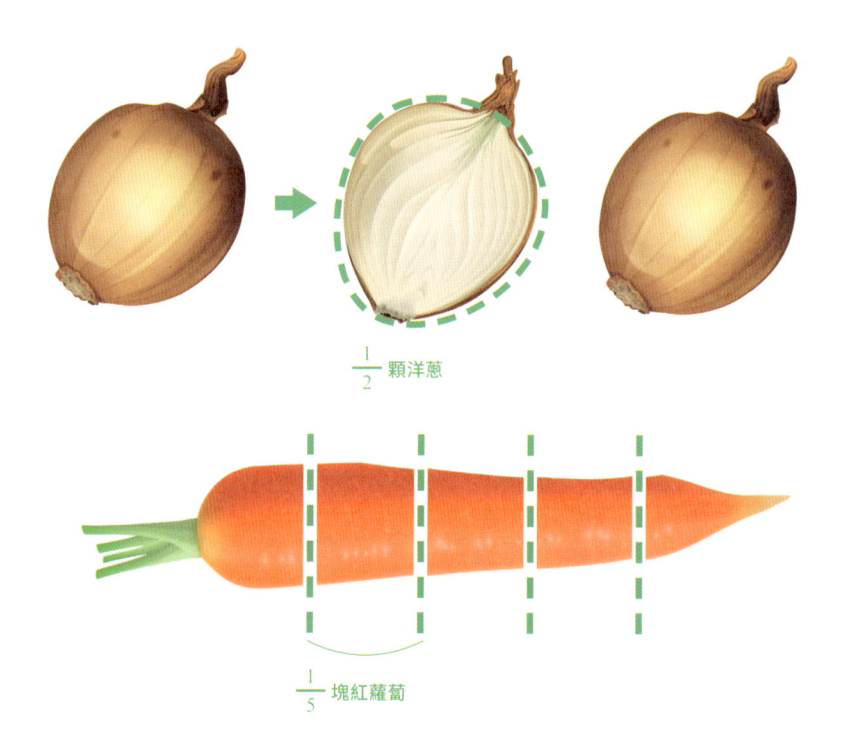

$\frac{1}{2}$ 顆洋蔥

$\frac{1}{5}$ 塊紅蘿蔔

第二章 數的發展　71

像太白粉這類的粉狀物或醬油這類液體，因為無法用個數計算，所以我們會用像「杯」這樣的單位來衡量。那「太白粉$\frac{2}{3}$杯」、「醬油$\frac{1}{2}$杯」是什麼意思呢？這是以「1杯」為基準，平均分成3份或2份後，取其中的2份或1份。

為了讓我們在料理時能準確掌握食材分量、平均分配食材，才有了像量杯、量匙、秤這些工具。這些工具都應用了分數的概念，會在刻度上標示像$\frac{2}{3}$杯、$\frac{1}{2}$杯、$\frac{1}{2}$大匙等標記。

在料理時，我們常會用到一些標準化的單位，如$\frac{1}{3}$杯、$\frac{1}{2}$大匙、100公克等等。這些單位都可以透過量杯、量匙或秤輕鬆量出，方便我們準備食材。大家看看下面的兩個量杯。它們哪裡不一樣呢？

韓式量杯　　　　　　　　　英式量杯

量杯是根據標準夸脫測量法設計的。標準容器1杯等於$\frac{1}{4}$夸脫，用英制換算，就是8液盎司（fluid ounce），相當於237毫升。在過去，韓文及中文裡會使用升、斗這樣的傳統單位，後來統一標準為「毫升（ml）」或「公升（l）」，因此韓國常見的量杯通常1杯是200毫升，而臺灣則是240毫升。英式量杯上的刻度

常會標示 $\frac{3}{4}$、$\frac{1}{2}$、$\frac{1}{4}$，分別代表 6 液盎司、4 液盎司、2 液盎司。我們有時候會看到標示 $\frac{1}{3}$、$\frac{2}{3}$，這是將 1 杯的高度均分成 3 份，然後在 $\frac{1}{3}$、$\frac{2}{3}$ 的位置標示相對應的刻度。

在料理中，除了量杯，最常搭配使用的就是「大匙」這個單位。大家可能看過 1 大匙、1T、1Tbsp。這些其實都是一樣的意思，指的就是 15 毫升，也就是一湯匙可以盛的量。市面上的量匙就是依據這個標準製作的。除了 1 大匙外，1 小匙也是經常使用的單位。1 小匙相當於 5 毫升，常用寫法有 1t、1tsp、1 茶匙。此外，如果要更精準地測量，有些人會使用多入量匙組。由於 1t 是 5 毫升，所以 $\frac{1}{2}$t、$\frac{1}{4}$t 分別是 $5 \times \frac{1}{2} = 2.5$，$5 \times \frac{1}{4} = 1.25$，也就是 $\frac{1}{2}$t 是 2.5 毫升，$\frac{1}{4}$t 是 1.25 毫升。

小匙　　　　大匙　　　　　　　　量杯

就像我們剛才看到的，在準備食材的過程中，常常會用到分數。如果我們能正確地了解各種單位和分數的意義，加入所需的分量，做出來的料理也就會更加美味，對吧？在下一頁，我們會一起深入了解小匙、大匙和量杯各自代表的容量。

### 小匙、大匙和量杯的關係

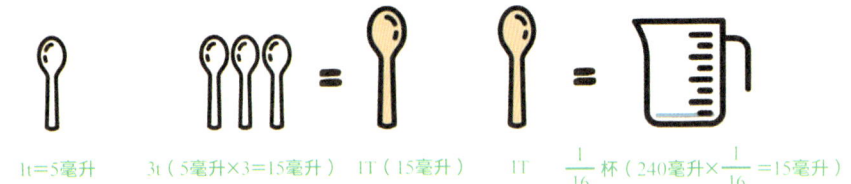

1t＝5毫升　　3t（5毫升×3＝15毫升）　　1T（15毫升）　　1T　$\dfrac{1}{16}$ 杯（240毫升×$\dfrac{1}{16}$＝15毫升）

2T（15毫升×2＝30毫升）　　$\dfrac{1}{8}$ 杯（240毫升×$\dfrac{1}{8}$＝30毫升）　　1t+5T（5毫升+15毫升×5＝80毫升）　　$\dfrac{1}{3}$ 杯（240毫升×$\dfrac{1}{3}$＝80毫升）

8T（15毫升×8＝120毫升）　　$\dfrac{1}{2}$ 杯（240毫升×$\dfrac{1}{2}$＝120毫升）

### 仔細了解量匙的量

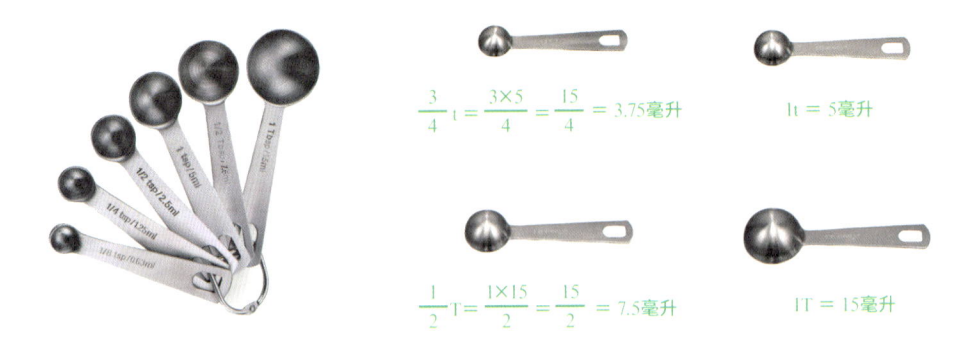

$\dfrac{3}{4}$ t ＝ $\dfrac{3\times 5}{4}$ ＝ $\dfrac{15}{4}$ ＝ 3.75毫升　　　1t ＝ 5毫升

$\dfrac{1}{2}$ T ＝ $\dfrac{1\times 15}{2}$ ＝ $\dfrac{15}{2}$ ＝ 7.5毫升　　　1T ＝ 15毫升

$\frac{1}{16} t = \frac{1 \times 5}{16} = \frac{5}{16} = 0.3125$ 毫升　　　$\frac{1}{8} t = \frac{1 \times 5}{8} = \frac{5}{8} = 0.625$ 毫升

$\frac{1}{4} t = \frac{1 \times 5}{4} = \frac{5}{4} = 1.25$ 毫升　　　$\frac{1}{3} t = \frac{1 \times 5}{3} = \frac{5}{3} = 1.67$ 毫升

$\frac{1}{2} t = \frac{1 \times 5}{2} = \frac{5}{2} = 2.5$ 毫升

## 會有分子或分母是 0 嗎？

我們先來看分子為 0 的情況。以 $\frac{0}{3}$ 為例，意思是把 0 分成 3 份後，1 份都沒拿。因為沒拿，所以數值就是 0。再來看分母為 0 的情況，這表示要把全部分成 0 份，但現實中是不可能的，因為我們不可能把東西分成 0 份。讓我們換個角度看吧。因為 $\frac{2}{0}$ 也可以想成是 $2 \div 0$。由於除法是乘法的反向運算，也就是要找出哪個數乘以 0 會等於 2。但問題是，不管哪個數乘以 0，答案永遠都是 0，所以沒有這個數。換言之，在數學中，分母為 0 的分數是不存在的。

# 11. 為了區分位值而出現的小數點

★ 國中小數學銜接 ★
三年級、四年級：分數與小數
五年級：約分與通分

請幫我算一下這份文件。我5分鐘後來拿！

才剛拿來就說5分鐘後要拿！我事情一大堆耶。

啪

唔……要是遇到複雜的分數，算起來真的會很麻煩。

呃……

$\frac{1}{11}$　$\frac{1}{12}$

複雜的分數

等等！如果把分母改成近似值，計算就會變得容易啊！

$\frac{1}{11} = \frac{9}{100}$

$\frac{1}{12} = \frac{8}{100}$

計算容易

喔，這麼快就完成了？看吧，你能做到的吧。那這份也拜託了！

啪

呃……

加班

### 本章內容

★ 小數的數位和讀法
★ 比較小數的大小

在過去，人們只使用分子為 1 的單位分數時，很難計算 $\frac{1}{10}$、$\frac{1}{11}$、$\frac{1}{12}$ 這類分數。後來，荷蘭數學家西蒙・斯泰芬（Simon Stevin）發現了一個方法：如果將分母轉換為 10 的倍數，如 10、100、1000 等，計算就能變得更簡單。例如，$\frac{1}{11}$ 差不多等於 $\frac{91}{1000}$，可以寫成 $\frac{91}{1000}$；而 $\frac{1}{12}$ 差不多等於 $\frac{8}{100}$，也可以改寫成 $\frac{8}{100}$。接著，他在分子上方或分子之間做標記，表示「這是第幾位數」。

像是 $2\frac{3}{4}$ 可以先改寫成 $2\frac{75}{100}$，再標示成 $\frac{⓪①②}{275}$ 或 2⓪7①5②。他用 ⓪ 表示小數點；① 表示小數點第一位；② 表示小數點第二位。這種用符號標記小數位置的方法，是斯泰芬在 1585 年出版的著作《十進制》（*De Thiende*）中首次提出的。

⓪①②③
3 2 6 8
= 3.268

**斯泰芬首次寫出的小數**

當我們要表示小於 1 的數時，既可以用分數表示，也可以用小數表示。那麼問題來了，既然分數就能用了，為什麼我們還要麻煩地學小數呢？這是因為小數和分數不同，小數有小數點，書寫方法和自然數一樣方便，而且在比較大小或進行基本運算時，比分數簡單。大家想想看，不同分母的分數要加減時，我們還得通分，讓分母變得一樣後才能計算。但如果先把分數換成小數，計算方式就像加減自然數一樣，只需要對齊小數點就行了，非常簡單吧。

# ● 小數「位值」的重要性

  2.75 這個數字讀作「二點七五」。這種用小數點（.）表示比 1 還要小的數就叫作小數（Decimal）。不同國家表示小數的方式不一樣，在韓國、日本和美國，人們會用小數點（.）表示帶有小數的數字，如 1.07；在法國和德國，則是用逗號（,）來表示，如 1,07。以前，英國還曾經使用中間點（·），如 1·07。但因為這個符號和乘法符號很像，容易搞混，所以現在不再使用這種寫法了。

  **1.07** 韓國、日本、美國

  **1,07** 法國、日本

  **1·07** 過去的英國

  藉由使用小數，我們可以更輕鬆地表示世界上各種極小的數值。雖然現在我們根據情況使用小數或分數，但回顧歷史，小數的誕生遠晚於分數，在斯泰芬的時代，小數還屬於創新概念。以 265 為例，2 是百位數；6 是十位數；5 是個位數。在自然數中，數字從右往左，依次是個位、十位、百位。每往左一位，數值就增加 10 倍。

其實，小數也有「位值」。讓我們看一下 265 中百位、十位和個位的順序，從 100 到 10；從 10 到 1，每一位都是前一位的 $\frac{1}{10}$ 倍。同樣地，在小數點後的每一位數，也都是前一位的 $\frac{1}{10}$ 倍。

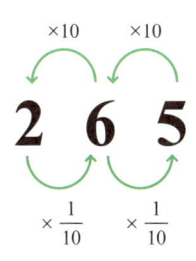

我們可以把 23.789 拆開成 $23.789 = 2\times10+3\times1+7\times\frac{1}{10}+8\times\frac{1}{100}+9\times\frac{1}{1000}$。其中，2 和 3 分別代表 20 和 3；7、8、9 則分別代表 $\frac{7}{10}$、$\frac{8}{100}$、$\frac{9}{1000}$。這些小數點右邊的數字按照順序，分別稱為小數第一位（十分位）、小數第二位（百分位）和小數第三位（千分位）。

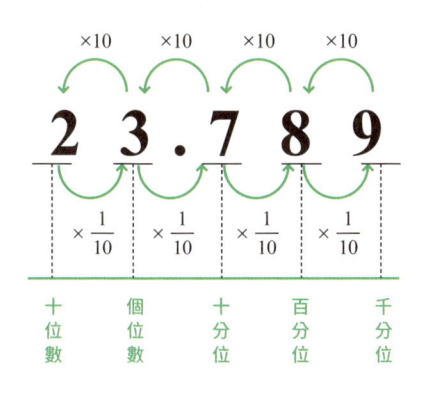

以 3.25 為例，我們可以拆成 3.25 ＝ 3×1+2×$\frac{1}{10}$ +5×$\frac{1}{100}$。

在讀個位數前面的數字時，我們會加上單位一起讀，如一、十、百、千。但小數點後面的數字，直接一個個讀出就行了。所以，如果是 265，會讀作「兩百六十五」，31.265 會讀作「三十一點二六五」；123.07 則是「一百二十三點零七」。

由於小數第一位代表的是 $\frac{1}{10}$，稱為十分位；第二位代表 $\frac{1}{100}$，稱為百分位，第三位則表示 $\frac{1}{1000}$，即為千分位，所以我們可以把 0.7 轉換成 $\frac{7}{10}$；0.25 可以轉換成 $\frac{25}{100}$；0.104 可以轉換成 $\frac{104}{1000}$。也就是說，我們只要看小數點後面有幾位，就可以決定要用 10、100 或 1000 作為分母，將小數轉換成分數。

像 3.25 這樣的數字，將 100 作為分母，就能轉換成分數。

$$3.25 = 3+ 0.25 = 3+ \frac{25}{100} = \frac{300}{100} + \frac{25}{100} = \frac{325}{100}$$

我們現在知道所有的小數都可以轉換成分數。那反過來，分數要怎麼轉換成小數呢？方法一樣很簡單，只要反過來想一想我們是怎麼把小數變成分數的就可以了。只要設法讓分母變成 10、100 或 1000 等就可以了。例如，$\frac{1}{2}$ 和 $\frac{1}{5}$ 只需要分別將分母乘以 5 和 2，分母就能變成 10。

$$\frac{1}{2} = \frac{1 \times 5}{2 \times 5} = \frac{5}{10} = 0.5$$
$$\frac{1}{5} = \frac{1 \times 2}{5 \times 2} = \frac{2}{10} = 0.2$$

像 $\frac{3}{4}$ 這樣的數，我們可以將分母乘以 25，讓分母變成 100。

$$\frac{3}{4} = \frac{3 \times 25}{4 \times 25} = \frac{75}{100} = 0.75$$

像 $\frac{5}{8}$ 這樣的數，雖然我們沒辦法讓 8 乘以某個數變成 10 或 100，但我們可以讓它乘以 125 變成 1000。

$$\frac{5}{8} = \frac{5 \times 125}{8 \times 125} = \frac{625}{1000} = 0.625$$

除了上述方法外，還有一個方法可以轉換，那就是「分子÷分母」。因為分數本來就是除法的商，所以像 $\frac{3}{4}$ 和 $\frac{5}{8}$ 這樣的數，我們可以直接將分子除以分母進行轉換。

$$\frac{3}{4} = 3 \div 4 = 0.75 \text{，} \frac{5}{8} = 5 \div 8 = 0.625$$

不過，有些分數在轉換成小數時，會出現小數點無限延伸的情況，比方說 $\frac{2}{3}$，計算 2÷3 時會得到 0.666……小數點後面的 6 會無限重複。$\frac{1}{6}$ 也是如此。1÷6 會得到 0.1666……這裡的數字 6 也會無限重複。像前面看到的 0.2、0.5、0.25、0.625 這些數字，小數點後的數字在某一位數後就會終止，我們稱為「有限小數」。相反地，像 $\frac{2}{3}$ = 2÷3 = 0.666……、$\frac{1}{6}$ = 1÷6 = 0.1666……這類小數點後數字無限延伸的小數，我們稱為「無限小數」。有些

無限小數只會重複同一個數字，比如 0.666……、0.1666……只會無限重複 6 這個數字；有些無限小數則是重複兩個數字，如 $\frac{3}{11}$ 是無限重複 2 和 7，而 $\frac{5}{7}$ 則是不斷重複 7、1、4、2、8、5 這六個數字。

$$\frac{3}{11} = 0.27272727…$$

$$\frac{5}{7} = 0.714285714285714285…$$

前面提到的那種有規律重複的無限小數，稱為「循環小數」。不過，也有些無限小數沒有固定的規律，例如：圓周長除以直徑所得的圓周率（$\pi$）為 3.141592……或者是面積為 2 的正方形邊長是 1.4142135……這些數字的小數部分會一直延續下去，而且不存在重複的規律。大家要記住，像這樣的小數是不能用分數表示的。

$$圓周率 (\pi) = \frac{圓周長}{圓的直徑} = 3.141592…$$

面積為 $2cm^2$ 的正方形的邊長 $= 1.4142135…$

我們要怎麼比較小數的大小呢？方法和比較自然數一樣，我們先從高位數比起。首先，先看小數點左邊的數，也就是自然數部分。接著，再比較小數點右邊的數字，從十分位、百分位、千分位，一位一位比下去。

| | |
|---|---|
| 23.168 > 18.94<br>自然數較大的數更大。 | 0.38 < 0.7<br>如果自然數一樣，<br>那麼十分位較大的數更大。 |
| 0.52 > 0.508<br>如果十分位一樣，<br>那麼百分位較大的數更大。 | 1.163 < 1.167<br>如果百分位一樣，<br>那麼千分位較大的數更大。 |

比較小數的大小

## 電腦與小數點

雖然這個主題難度較高，但我們試著了解一下電腦表示數字的方法吧。電腦主要採取兩種不同的表示法：定點數（Fixed point）和浮點數（Floating point）。首先，定點數就像我們在 Excel 上進行的加減運算一樣。它的優點是簡單又快速，但它能表示的數值範圍有限。

（用十進位表示的數）11.125 =（用二進位表示的數）1011.0010

浮點數通常用在不規則且複雜的計算中，如圖形處理。顧名思義，「浮點」的意思就是小數點是「浮動」的。雖然浮點數的計算方式比定點數更複雜，速度也較慢，但它的好處是：能處理的數值範圍很廣。

12.3 ▶ $1.23 \times 10^1$

第二章 數的發展

# 12. 從句號開始的小數點

**★ 國中小數學銜接 ★**

**四年級**：分數與小數、長度與時間、容量與重量
**五年級**：各種單位
**六年級**：比與比值

### 本章內容

★ 變成小數點的句號
★ 小數在日常中的用途

在西蒙・斯泰芬發明小數的寫法後，還有許多人積極發展更實用、更方便的標記方式。其中，**數學家約翰・納皮爾（John Napier）建議用英文的句點（．）或逗號（，）標示小數點**。隨後，另一位數學家約翰・沃利斯（John Wallis）也採用這種方式，於是，這樣的寫法慢慢演變成我們現在所使用的現代小數寫法。

小數在準確表達數值時非常實用。大家有沒有注意過，在測量體重或身高時，經常會看到帶有小數點的數字？如果沒有小數，我們就只能籠統地說體重為40公斤、50公斤，或身高為150公分、160公分，這樣會不夠準確。尤其是新生兒的體重很輕，如果只能以1公斤為單位表示，就無法準確的掌握健康狀況，在有緊急狀況發生時，有可能會錯失急救時機。

150cm

150.2cm 150.5cm 150.8cm 150.9cm

市面上的牛奶和飲料有各種不同的容量規格，如 125 毫升、200 毫升、500 毫升、1.8 公升、2.3 公升等等。如果單看數字，500 毫升的數字最大，那它的容量就是最多的嗎？比較容量的時候，一定要看數字後面的單位。像 200、500 後面的單位是毫升（ml），而 1.8、2.3 後面的單位是公升（l），對吧？它們是不同的容量單位，不能直接比較。那麼我們要如何比較毫升和公升呢？

1 公升（l）＝ 1000 毫升（ml），1.8 公升＝ 1800 毫升，
2.3 公升＝ 2300 毫升
如果是買 3 個 500 毫升呢？
500 毫升 ×3 ＝ 1500 毫升，1500 毫升 ＜ 1800 毫升

　　小數點的表示能把較大的數字轉換成較大的單位，讓數值變小。要正確比較兩個數字的大小時，單位必須先統一。因此，我們在學小數的同時，也要學會看懂單位，才能正確掌握數字的大小。不僅是液體容量或物品重量，還有人的身高、物品長度和距離，我們也會用小數來表達。所以，大家一定要記住下面這些常用的單位。

- 1 公分（cm）＝ 10 毫米（mm），1 公尺（m）＝ 100 公分（cm）
- 1 公斤（kg）＝ 1000 公克（g）
- 1 公升（l）＝ 1000 毫升（ml）

## ● 小數用在哪裡？怎麼使用？

　　小數的用途廣泛，尤其像競速滑冰、田徑、游泳這類的運動項目，會以秒為單位記錄選手抵達終點的時間。在分秒都十分重要的體育賽事中，選手們的成績會被精確記錄到小數點第二位，以確保排名的公正性。如果我們只用自然數記錄選手的成績，恐怕會很難排出名次。

競速滑冰記錄 1：44.93

　　因為選手的成績是以秒為單位記錄，所以小數點前的 44 代表 44 秒；而冒號（：）前的 1 表示 1 分鐘。所以，1:44.93 的意思就是 1 分 44 秒 93。現在科技越來越進步，有很多精密儀器可以精準記錄到 0.001 秒。這個單位稱為「毫秒（msec / ms）」。

　　小數在銀行裡也非常重要。當我們把錢存進銀行，銀行會支付我們利息；反過來，當我們向銀行借錢，我們就要向銀行支付利息。這就是所謂的「利息」或「利率」。大家有沒有在網路上看過類似的報導：「定期存款年利率最高 1.9%」？這個 1.9% 究竟是什麼意思呢？

　　定期存款指的是把一筆錢存在銀行一段特定時間，由銀行保管。舉例來說，假設我們把 100 萬元存進銀行一年，而年利率是 1.9%。這表示我們可以拿到的利息為 100 萬的 1.9%。讓我們來算看看這筆利息會有多少吧？

$$1.9\% = \frac{1.9}{100} = \frac{1.9 \times 10}{100 \times 10} = \frac{19}{1000} = 0.019$$

存的100萬元×0.019＝19000元

　　如果我們把 100 萬元存進銀行一年，可以獲得 19000 元的利息，也就是說，一年後，我們可以領回 100 萬元加上 19000 元。利率之所以要精準到小數點，不能簡單地寫 1% 或 2%，是因為即使只差 0.1%，利息也會不一樣。大家可能覺得年利率 1.9% 和 2.0% 只差 0.1%，感覺差不多？我們來看的例子，看看這 0.1% 實際差異有多大。

- 100 萬元 ×0.001 ＝ 1000 元 ➡ 利息是 1000 元
- 1000 萬元 ×0.001 ＝ 10000 元 ➡ 利息是 10000 元
- 1 億元 ×0.001 ＝ 100000 元 ➡ 利息是 100000 元

編註：此資料為 2025 年 6 月 26 日美元兌臺幣匯率。

正是因為這種差異，銀行才使用了能精準表示較小數值的小數點，來表示利率。匯率也是相同的道理。例如：美元匯率為 29.37 元，意思是用 29.37 臺幣能換成 1 美元。臺幣最小單位為 1 元，為了能更準確表達匯率，甚至必須使用到小數點第二位。

其實，不只是銀行或運動賽事，生活中很多領域都需要用到精準的小數表示法，像是電視廣播、通訊、太空科技等，這些都追求高度精準的時間測量。這時候，小數就能派上用場。

## 藏在照片畫素的小數

我們可以用 Photoshop 替手機照片套上不同的特效。如果我們要想把原始照片轉換成灰階風格，就必須將紅（R）、綠（G）、藍（B）三原色的亮度轉換成灰階色調的亮度。多虧有電腦的快速運算能力，我們才能在短時間輕鬆完成這類計算，而在這個轉換過程中，每個畫素的 RGB 數值都是用小數表示。

# 13. 源自於塗鴉的質數

★ 國中小數學銜接 ★
五年級、六年級：因數和倍數
七年級：質因數分解

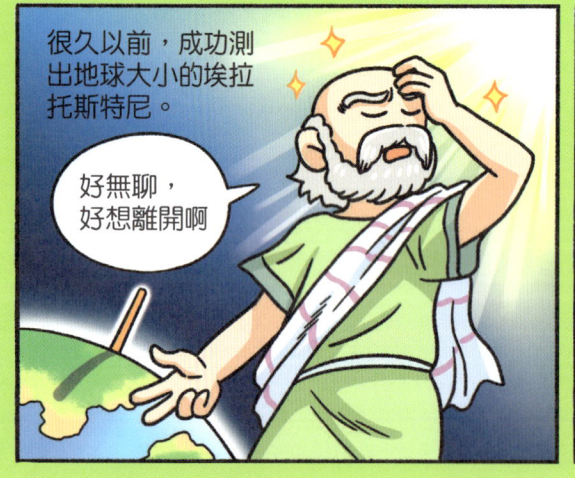

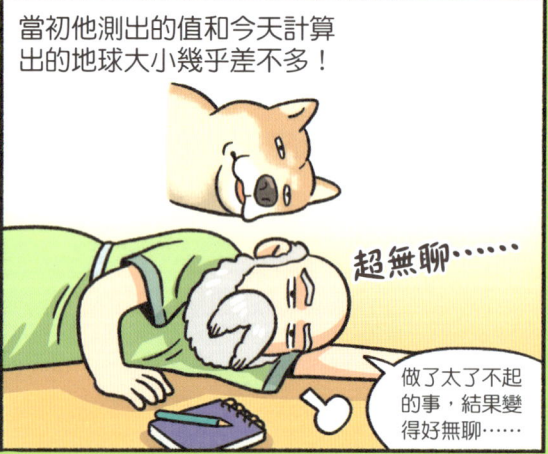

很久以前，成功測出地球大小的埃拉托斯特尼。

好無聊，好想離開啊

當初他測出的值和今天計算出的地球大小幾乎差不多！

超無聊……

做了太了不起的事，結果變得好無聊……

— 今日待辦事項 —
✓ 分解脈搏數
✓ 數一袋小麥
☐ 用篩子篩沙

與其篩沙子，來篩數字怎樣？好像會很有趣？

喔吼～

隨手塗鴉的他發現了像篩子一樣篩出質數的方法！

又～發現啦，又發現啦～

## 本章內容

★ 質數的意義　　　　★ 質數在日常中的用途
★ 約數和因數的意義

古希臘數學家埃拉托斯特尼（Eratosthenes）寫下了從 2 到 100 的所有數字，然後按照以下步驟刪去數字。

1. 先圈出 2，再刪掉 2 乘以 2、3、4……也就是所有 2 的倍數。
2. 圈出 3，再刪掉 3 乘以 2、3、4……也就是所有 3 的倍數。
3. 圈出 5，再刪掉 5 乘以 2、3、4……也就是所有 5 的倍數。
4. 在剩下的數字中，圈出最小的 7，再刪去所有 7 的倍數。

重複這個步驟：每次圈出剩下的最小數字，再刪去它的所有倍數。

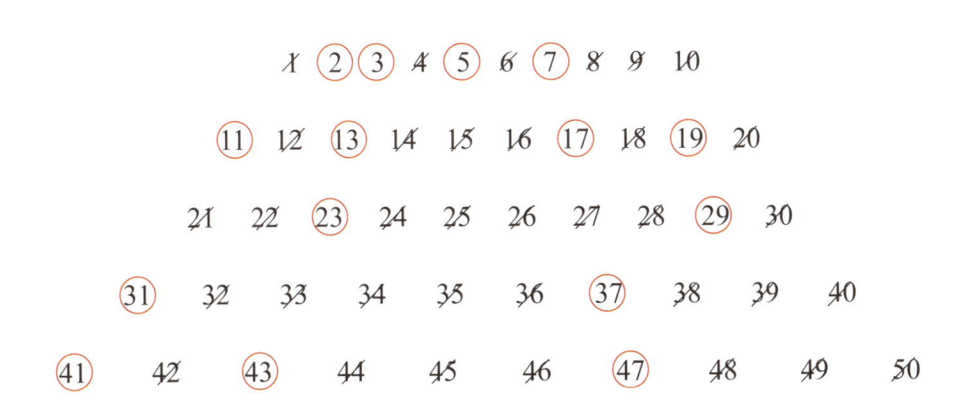

當我們按照步驟刪掉某些數字、圈起剩下的數字後，會發現留下來的數字是 2、3、5、7、11、13……這些數字是不是看起來很眼熟？沒錯！這些就是我們現在要講的質數。別和前面討論的小數搞混囉，它們是完全不同的概念。這種用來尋找質數的方法被稱為「埃拉托斯特尼篩法（sieve of Eratosthenes）」。它就像篩沙或篩麵粉的篩子一樣，從自然數中篩選出質數，所以才得名。

可能有人會想，如果質數是指 1 和本身為因數的數，那 1 的因數只有 1，1 是不是也可以算是質數呢？從表面條件看來很合理，1 的因數只有自己，符合只有 1 和自身為因數的條件。然而，1 並不是質數。因為如果把 1 當成質數，會導致質數的某些特性變得不明確。舉例來說，$15 = 3 \times 5$，也可以寫成 $15 = 1 \times 1 \times 3 \times 5$，這樣一來，用質數相乘表示 15 的方式太多了，因為 1 可以不斷相乘。因此，為了讓每個數字的質因數分解只有一種方式，1 不算質數。以下是用不同方式表示 24 的例子，只有乘法順序不同，本質上都是 2 乘三次，3 乘一次。

$$24 = 2 \times 2 \times 2 \times 3 = 3 \times 2 \times 2 \times 2 = 2 \times 3 \times 2 \times 2$$

每個數字都能用質數相乘的方式表示出來，且方法只有一種，這種特性稱為「算術基本定理（the Fundamental Theorem of Arithmetic）」。質數之所以在我們日常生活中運用的頻率這麼高，正是因為這種特性。

# ● 無法分解之數，質數

希臘哲學家德謨克利特（Democritus）提出「原子論（Atomism）」。他主張世間萬物都是由原子所組成的。原子（Atom）一詞在古希臘語中意指不可分割的東西。

與他同一時期的數學家歐幾里得（Eucild）也在研究一些數字。他所研究的數字被稱為「數的原子」。也就是無法再分解的數字，例如：2、3、5、7。這些數字不同於4、6、8、9這類能分解的數字。

4可以寫成 4 = 1×4，還可以寫成 4 = 2×2；6可以寫成 6 = 1×6 = 2×3；8可以寫成 8 = 1×8 = 2×4；9可以寫成 9 = 1×9 = 3×3。反之，2、3、5、7這類數字只能寫成1× 自己，如：2 = 1×2、3 = 1×3、5 = 1×5、7 = 1×7。這些數唯一的表達方式只有1和自身相乘，如2、3、5、7、11等等。正因為無法再分解，因此，這類數字又被稱為「數的原子」（質數）。

如果一個數字能用乘法來表示，也就是能被整除的數，那麼這些用來相乘的數就叫做這個數的「因數」。例如：2的因數是1

和 2；3 的因數是 1 和 3；4 的因數是 1、2 和 4；5 的因數是 1 和 5。這種只能被 1 和自己整除的數，也就是因數只有「1 和自己」的數，我們就叫它們質數（Prime Number）。不過，因為這個定義只適用於大於 1 的數，所以 1 不是質數。質數是所有自然數的基本單位，因此英文才叫 Prime（基本的；重要的）Number（數），同時也代表著「其他自然數怎麼相乘都無法得出的數」。

質數又稱為素數，這裡的「素」字含有事物的基本成分之意。所以，「質數」這個詞也有「最基礎的數」的意思，是構成所有自然數的基本單位。

除了 2、3、5、7，10 以上的數字中也存在許多質數，如 11、13、17、19 等。質數究竟有多少呢？我們是否能透過某種規律找出它們？數學家歐幾里得早就發現質數的數量是無限的。不過，它不像奇數或偶數那樣規律地出現，質數是無窮無盡的，而且數字越大就越難找到。這種神祕的性質使它成為數學家熱衷挑戰的對象。目前為止，數學家一直在研究，希望用更簡單的方式找到或得出質數。令人驚訝的是，迄今為止還沒發現任何能列出全部質數的公式。

我們經常會拆開自然數，看它如何寫成質數的乘積，這能幫助我們更了解它的特性。

舉例來說，60 這個數字可以寫成 1×60、2×30、3×20、4×15、6×10、2×3×10。這些乘法中出現的數，如 1、2、3、4、6、10、15、20、30 等，就稱為「60 的因數」。不過，如果我們只想用質數來表示 60，那可以寫成 2×2×3×5。這種只用質數分

解自然數的方式,就稱為「質因數分解」。

「因數」中的「因」字,意思是「原因」、「原由」。換言之,因數可以告訴我們「這個數是怎麼透過相乘組合出來的」。聽起來是不是和「約數」——能被整除的數有點像?讓我們整理一下:如果一個因數本身是質數,就稱為「質因數」;而將一個數寫成質因數乘積的過程,就叫「質因數分解」。

$$15 = 3 \times 5$$
質因數　　質因數

當我們在進行質因數分解時,隨著數字變大,我們會發現有時候同一個質數會重複出現好幾次。這時候,我們會採用「次方」表示。當某一個數連續自乘數次時,例如:$2\times2\times2 = 2^3$(2 的三次方),我們會將重複自乘的次數寫在數字右上角。所以,當我們對像 18、80、150 等這些數字進行質因數分解時,就能整理成如下的格式:

$18 = 2\times3\times3$,$80 = 2\times2\times2\times2\times5$,$150 = 2\times3\times5\times5$
$18 = 2\times3^2$,　　$80 = 2^4\times5$,　　$150 = 2\times3\times5^2$

當我們拿到一個數字,想把它拆解成質數相乘的樣子,我們會不斷重複「從最小的質數開始,反覆去除該數字」。這個過程就是我們所說的「質因數分解」。

$$18 = 2 \times 3 \times 3 = 2 \times 3^2$$
$$80 = 2^4 \times 5$$
$$150 = 2 \times 3 \times 5^2$$

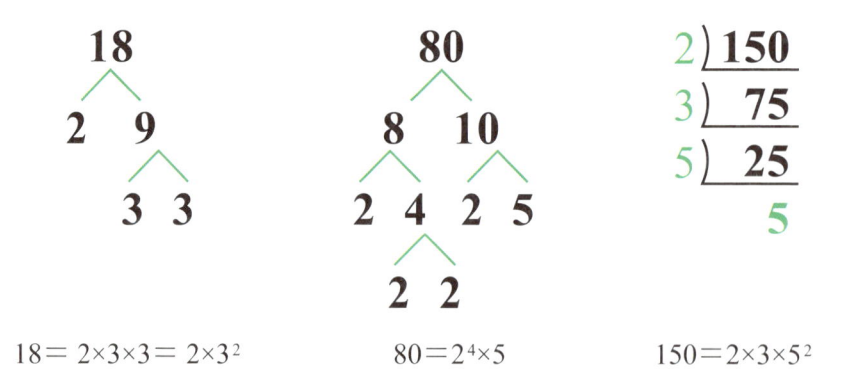

因此，透過質因數分解，我們能找出大數的特性。銀行最擅長利用這個特性，當我們在網路上辦理重要業務時，都會進行認證，這是因為安全非常重要。我們設定密碼的目的是為了不讓別人輕易取得或接觸到自己的個資，而我們平常設定的密碼正是由質數的乘積所生成的。

1977 年，羅納德·李維斯特（Ron Rivest）、阿迪·薩摩爾（Adi Shamir）、倫納德·阿德曼（Leonard Adleman）三位學者，利用質因數分解創造了一套加密系統。這套加密系統被命名為「RSA 加密演算法」，RSA 就是三人姓氏的開頭字母。這套加密系統至今仍在使用，是極具代表性的加密系統。

這套加密系統使用了公開金鑰和私密金鑰。公開金鑰包含兩個質數，所有人都看得到；私密金鑰則是這兩個質數的乘積。如果有人找出是哪兩個質數相乘產生了私密金鑰，就能破解密碼，而破解 RAS 密碼的關鍵就在「質因數分解」。只要使用的那兩個質數夠大，進行質因數分解就會需要花費許多時間。這就是為什麼許多網站要求我們設定密碼時，都會要求至少十位數，數字與

英文字母混合，甚至還要加上特殊符號。要對一個超過兩百位數以上的數進行質因數分解，就算使用每秒百萬次運算的電腦，仍須耗費逾百年的時間，倘若採用人工計算，所需時間會超越宇宙的歷史長度。

## 區塊鏈裡的質因數分解

區塊鏈是近年來備受關注的密碼儲存技術。區塊鏈技術就是將每筆資料像「區塊（Block）」一樣存起來，再像鏈條（Chain）一樣，一個個串連起來，保障交易安全。區塊鏈也被稱為公開帳本（Public Ledger）。因為所有參與交易的使用者都能看到完整的交易記錄，大家資訊同步，能有效防止資料被竄改。

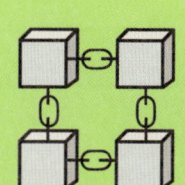

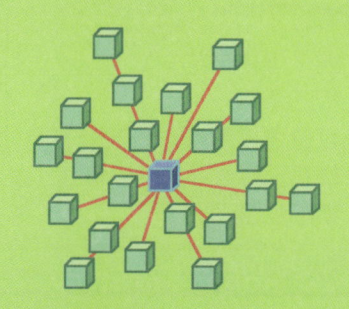

**傳統交易方法**
將交易記錄存在同一個地方！

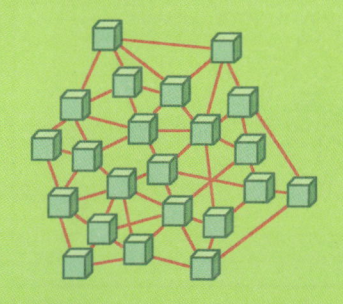

**區塊鏈**
將儲存的資訊分散存在不同的伺服器，記錄的瞬間就被加密！

區塊鏈的優點是，因為所有資訊被分散儲存在不同的區塊，所以，如果有人想刪除或竄改資料，難度會非常高。同時，要把一個非常大的數字分解成質因數也不容易。這也是為什麼質因數分解是密碼學中最常用的加密原理之一。區塊鏈也正是運用這種原理，而正因為這一原理，區塊鏈現被應用於多個需要儲存重要資訊的領域，如貨物追蹤系統、電子投票、醫院與醫院之間的病歷共享管理等。

# 14. 源自於天花板的數線

★ 國中小數學銜接 ★
四年級：數字範圍
七年級：數線

---

煩死人的蒼蠅，讓我安靜睡覺啦！

嗡嗡嗡
嘻嘻
揮 揮

---

咦？停在天花板的蒼蠅……好像可以用橫線和直線表示牠的位置？

---

那隻蒼蠅停在橫軸3、縱軸4的位置。

就把這個叫「座標」吧！

呵呵呵

---

很好……乖乖停在橫軸3、縱軸4的地方。

呃啊啊
抱歉啦！
喀嚓

## 本章內容

★ 怎麼看座標  ★ 直線和數的範圍
★ 正數和負數

我們現在使用的座標系統，也就是在橫線和直線上標出數字的方法，是數學家笛卡兒（Rene Descartes）發明的。而且他還在數線的中間標上 0，左右兩邊分別標出正整數和負整數。數線之所以叫數線，正因為它是標記數字的直線。

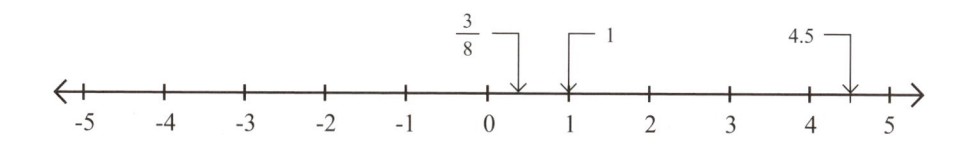

在笛卡兒之前，人們覺得數和圖形（直線）是兩種不同的東西，從來沒把它們放在一起思考過。直到笛卡兒發明了座標系統，人們開始在上面用數字標出位置、進行加減運算，就連研究圖形性質時也開始使用座標系統。

座標可以標出點的位置，常被應用於表示某個地點或物品的位置。當我們在平面

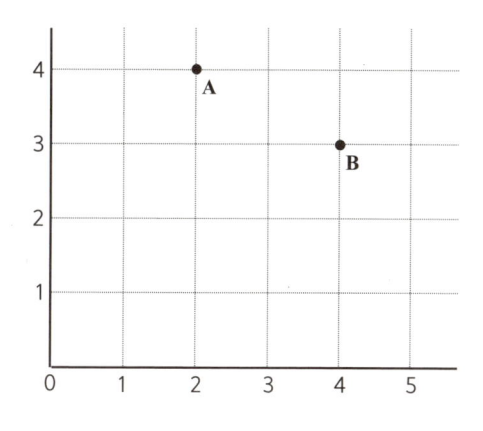

第二章 數的發展　99

上繪製等距的橫線與直線,並用橫軸和縱軸的距離來標示點的位置,構成了座標系統。例如:A 點的位置是 (2, 4),B 點的位置則是 (4, 3)。

笛卡兒發明的座標系統是繪製在平面上的,所以稱為「座標平面」。順便告訴大家,數線也可以算是一種座標,因為它同樣能夠表示點的位置。有了笛卡兒的座標系統,我們就能更清楚地標示出地點。比方說,大家在看地圖的時候,是不是會看到很多橫線和直線?那些在地球上虛擬畫出的線,稱為經線和緯線。像韓國外海獨島的位置可以標為「東經 132°,北緯 37°」。

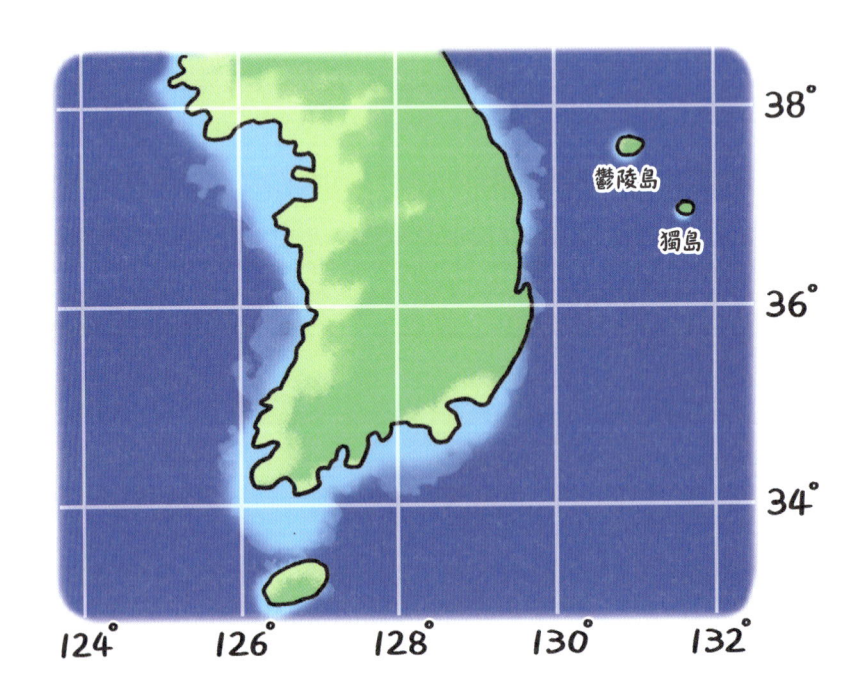

## 表示數和數範圍的線

數線是用來表示數字的直線。笛卡兒在直線上選定一個點，將它標示為 0，然後以 0 為基準，往左右兩邊標出數字，創造出了數線。不過，我們現在熟悉的數線是以 0 為基準，向右邊依序標出 1、2、3……對吧？這是因為數線的模樣會根據不同數字的標示方式而有所不同。也許大家會想「那我們要怎麼稱呼這些長得不一樣的線呢？」不管它們長什麼樣，都被統稱為「數線」。

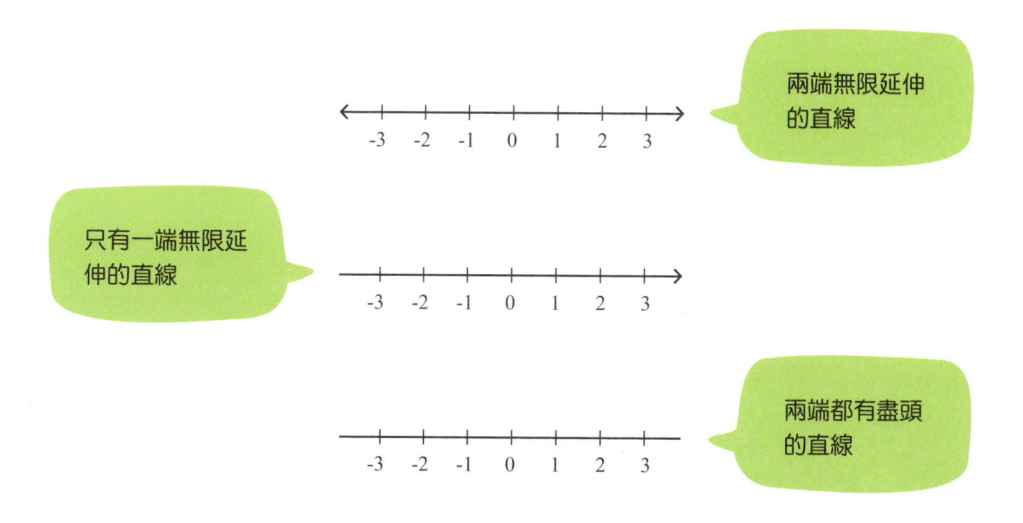

> 兩端無限延伸的直線

-3 -2 -1 0 1 2 3

> 只有一端無限延伸的直線

-3 -2 -1 0 1 2 3

> 兩端都有盡頭的直線

-3 -2 -1 0 1 2 3

當我們在數線上標出像 2 和 5 這樣的數字，就能清楚看見它們的位置。舉例來說：2 在 0 的右邊第二格，5 則在 0 的右邊第五格。透過這樣的方式，我們能直觀地看出加法和減法運算。

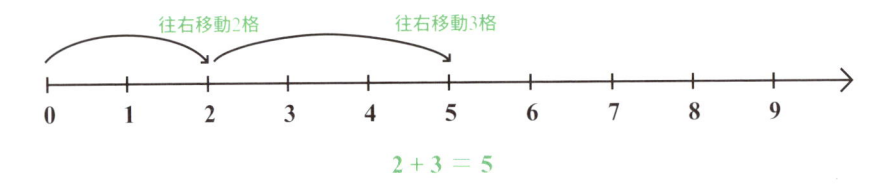

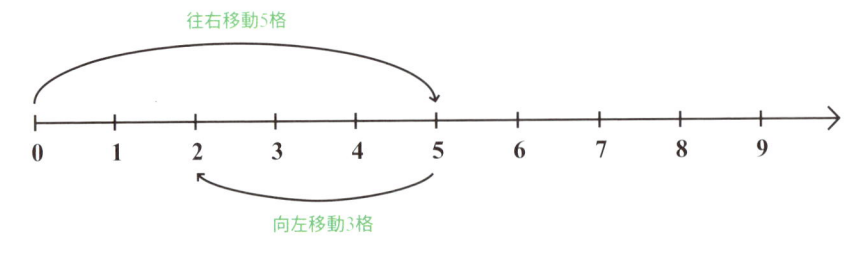

```
      往右移動2格          往右移動3格
   ┌─────┐         ┌──────────┐
   0   1   2   3   4   5   6   7   8   9
                    2 + 3 = 5


          往右移動5格
   ┌──────────────────┐
   0   1   2   3   4   5   6   7   8   9
          └──────────────────┘
               向左移動3格
                    5 - 3 = 2
```

　　我們還可以在數線上用跳著數的方式來計算。如果我們每次在數線上跳 2 格，標出來後就能直接進行乘法運算。例如：每次都跳 2 格，跳 4 次後會跳到 8，這就是 2×4 = 8。

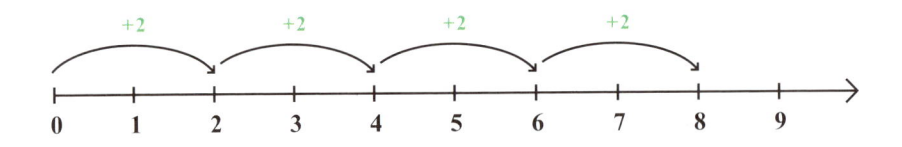

```
      +2      +2      +2      +2
   ┌───┐   ┌───┐   ┌───┐   ┌───┐
   0   1   2   3   4   5   6   7   8   9
```

　　利用數線，我們也能表示出數的範圍，像是「以上、以下、超過、未滿」這些詞彙其實都是表示數的範圍。以上表示等於或大於某個數；以下表示等於或小於某個數；超過表示大於某個數；未滿表示小於某個數。當我們要在數線上標示數的範圍時，我們會用實心點（●）表示「以上」和「以下」；用空心點（○）表示「超過」和「未滿」。

5 以上
3　4　5　6　7

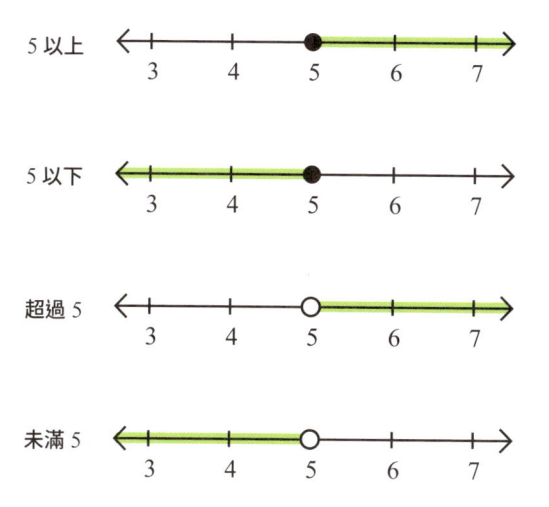

5 以下
3　4　5　6　7

超過 5
3　4　5　6　7

未滿 5
3　4　5　6　7

另外，數線也能簡單地表示出兩個數之間的範圍。

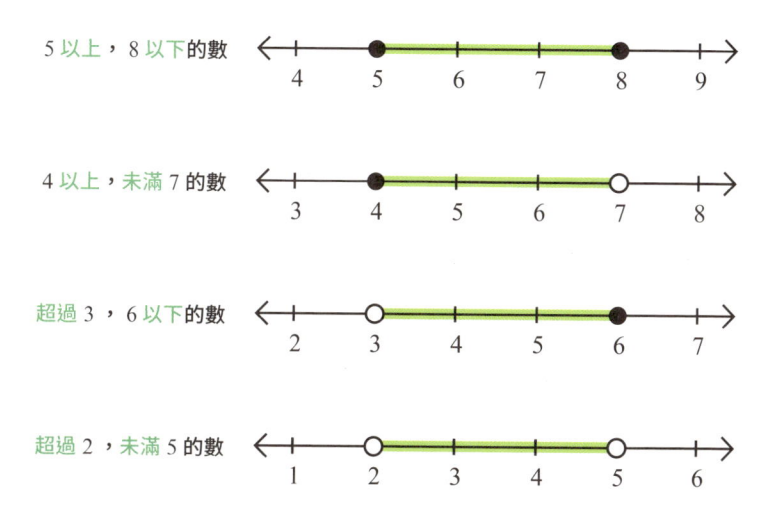

5 以上，8 以下的數
4　5　6　7　8　9

4 以上，未滿 7 的數
3　4　5　6　7　8

超過 3，6 以下的數
2　3　4　5　6　7

超過 2，未滿 5 的數
1　2　3　4　5　6

第二章 數的發展

要是沒有數線，我們會很難清楚地表示數和數字的範圍。在日常生活中，我們經常能看到 0 和比 0 大的數，但很少會看到小於 0 的數字。我們在哪裡能看見小於 0 的數字呢？

溫度計上有表示高於 0°C 的零上溫度，也有表示低於 0°C 的零下溫度。零下溫度指低於 0°C 的溫度。像這種比 0 小的整數，我們稱為「負整數」，用負號 - 來表示。印度人最早開始使用負整數，他們用正數（＋）表示利益或資產等概念，用負數（－）表示損失或負債等概念。

和負整數相對的，且大於 0 的整數，我們稱為正整數，會用「＋」來表示，又或者省略不寫。大家最熟悉的自然數就是正整數。

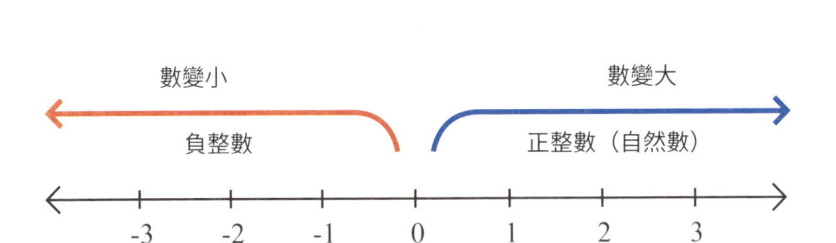

在數線上，負整數會出現在 0 的左邊，正整數會出現在 0 的右邊。作為基準的 0 既不是負整數也不是正整數。以 0 為準，往右，數字會越大；往左，數字則越小。包含基準點 0、小於 0 的負整數，以及大於 0 的正整數，這所有的數字都被稱為「整數」。

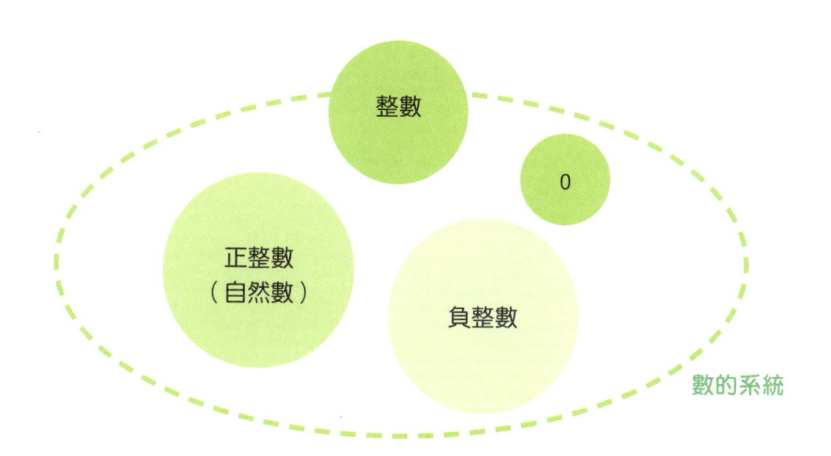

數的系統
- 整數
  - 正整數（自然數）
  - 0
  - 負整數

## 三詞地址，W3W

只要知道三詞地址（W3W）就能準確地找出某個地點的位置。三詞地址以座標系統為基礎，將全世界切成長3公尺、寬3公尺的正方形格子，共能產生57兆個地址。當我們要找一個沒有正式門牌地址的地點，或者雖然有地址，但區域過大，需要精準定位的情況，三詞地址就能派上用場。三詞地址的查詢方法如下：

圖片來源：
三址地址網站：
what3words.com

1. 進入三詞地址的網站 (what3words.com)
2. 直接標示自己的位置或是輸入地址、地標，例如：台北101觀景台
3. 得到該位置的三詞地址：存留、概要、防曬

第二章 數的發展　105

# 15. 從點開始的有形數

★ 國中小數學銜接 ★
五年級：多邊形
六年級：數的規則
八年級：認識數列

**本章內容**

★ 尋找圖形中隱藏的數
★ 尋找圖形和數的規律

　　「在圖形中能不能找出數的規律？」這個源自於好奇的問題，帶著我們發現了連結數和圖形的有形數。有形數幫助我們更容易用視覺的方式，理解數的規律。舉個例子，如果我們用 3 顆彈珠排成一個三角形，在右邊再多放 3 顆彈珠，就能排成另一個新的三角形。那如果我們繼續在右邊放更多的彈珠呢？是不是就會出現更大的三角形？

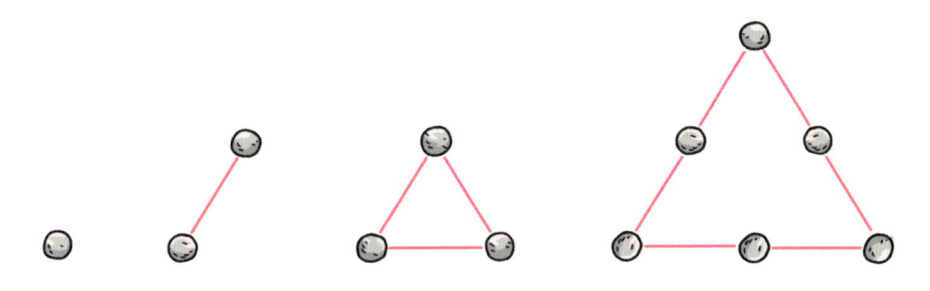

　　古希臘著名數學學派——畢達哥拉斯學派也有過這樣的想法。他們把點排成各種圖形，然後計算這些圖形中總共有多少點，並將該數字稱為「有形數」。當時，人們認為數字和圖形是不同的概念，但畢達哥拉斯學派將兩者連結在一起，建立了有形數的概念。古代數學家從不同視角思考數學，並樂於尋找其中隱藏的規律或原理。有形數之所以意義重大，是因為他們將數字和圖形

結合思考，並找出從中隱藏的規律。大家也可以觀察有形數，思考不同的問題，像是「數和圖形可以放在一起思考嗎？」、「三角形數、四角形數、五角形數、六角形數中原來藏著這樣的規律？」這些思考能培養我們對數學的好奇心和思考能力。

　　現在讓我們一起創造有形數吧。首先，先放上 1 顆圍棋棋子。接下來，我們要來製作基本的三角形數。放上 1 顆棋子後，再如下圖所示，依序放上 3 顆棋子、6 顆棋子，就能創造出新三角形。

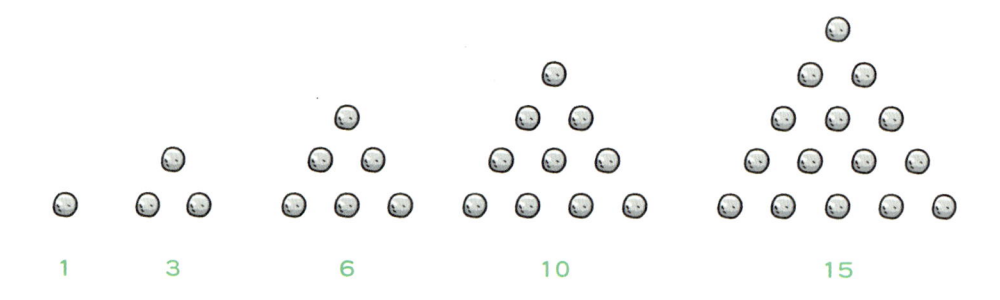

1　　　3　　　6　　　10　　　15

　　三角形數包括 1、3、6、10、15……等，只要掌握這個規律，就可以繼續找出下一個三角形數。但來看看下圖的圖形，它並沒有遵循三角形數的規律，所以它不是三角形數。無論我們在製造三角形數，還是其他的有形數，最重要的就是，每個階段增加點數時都要遵守規律。例如：就像大家看見的一樣，在應該放 3 顆棋子的地方卻只放了 2 顆，對吧？

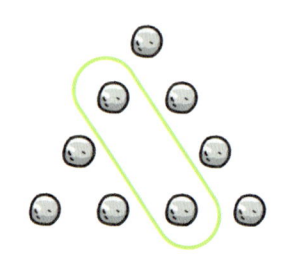

從這裡我們可以知道，三角數是按照規律，每個階段依序增加 2 顆、3 顆、4 顆……。

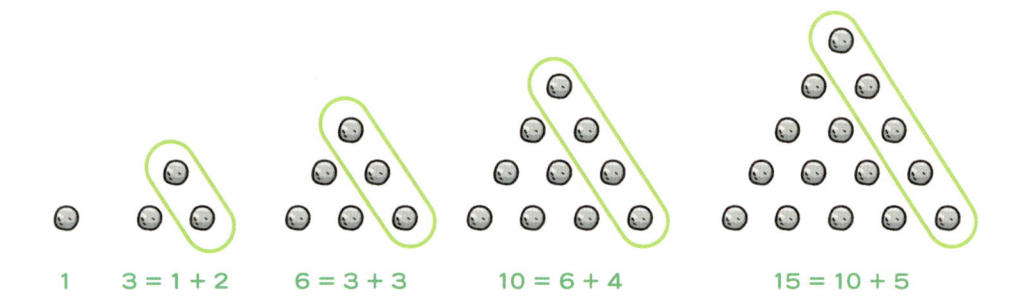

1　　　3 = 1 + 2　　　6 = 3 + 3　　　10 = 6 + 4　　　15 = 10 + 5

# ● 連結數和圖形的有形數

放 1 顆小石頭就會形成一個點；放 2 顆小石頭並連起來就會形成一條線；放 3 顆小石頭並連起來就能形成一個三角形。像這樣，只要持續增加小石頭，就能畫出各種不同的圖形。

古希臘畢達哥拉斯學派認為，世界上的萬物都源自於數，因此他們相信像三角形、四邊形這些圖形也都與數字有關。他們致力在圖形中尋找數字。多虧了他們的努力，我們才有了「有形數」這個有趣的概念。有形數會根據圖形的形狀分成不同種類，像是：三角形數、四角形數、五角形數等。三角形數用來表示三角形；四角形數表示四邊形。不管是哪一種多邊形數，包括三角形數和四角形數在內，起點都是 1。例如：三角形的數列為 1、3、6、10、15……。

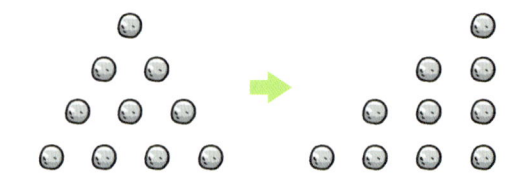

在三角形數中，只要把三角形的點稍微往右邊移動，就能排出直角三角形。這麼做的好處是可以更清楚看出三角形數的規律。

三角形每一排的點數都是按照一定的規律增加的，可以用加法表示如下：

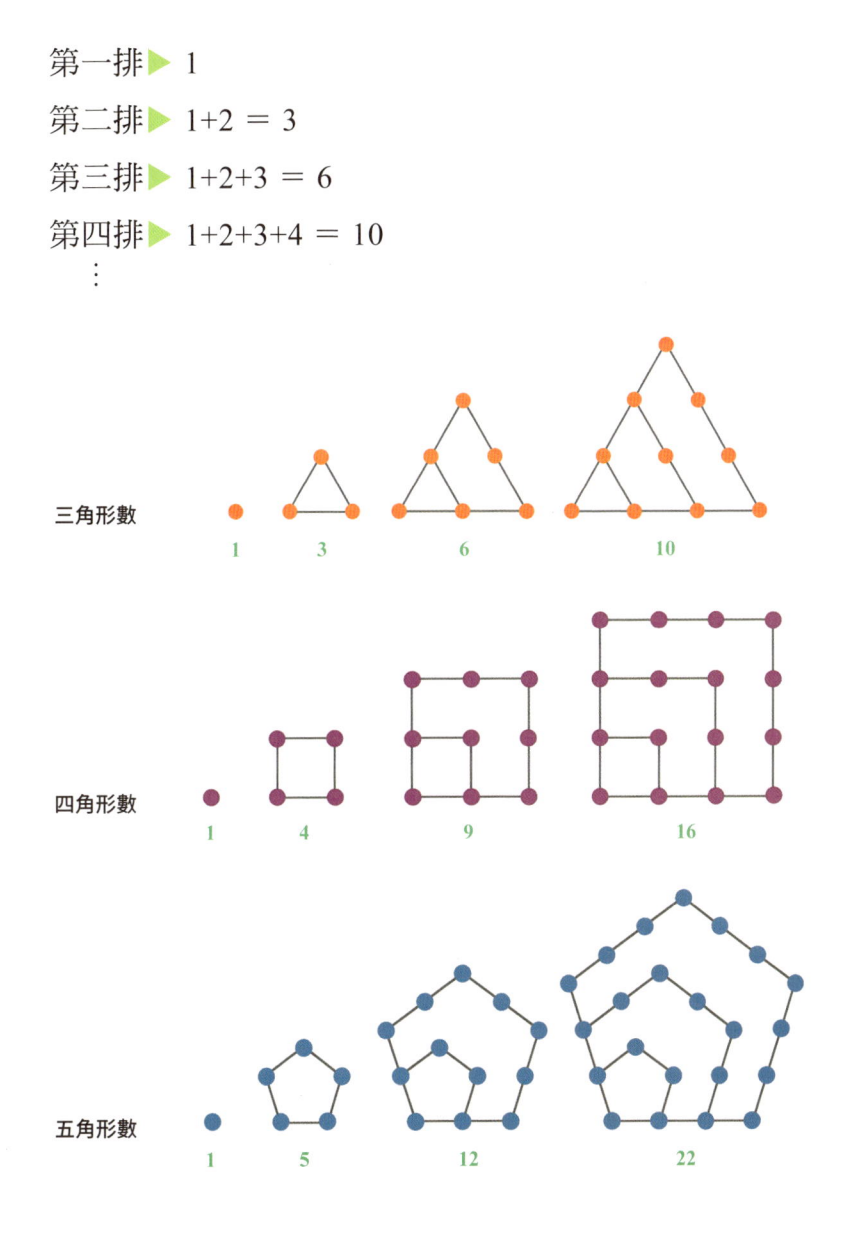

第一排 ▶ 1
第二排 ▶ 1+2 = 3
第三排 ▶ 1+2+3 = 6
第四排 ▶ 1+2+3+4 = 10
⋮

三角形數
1　　3　　6　　10

四角形數
1　　4　　9　　16

五角形數
1　　5　　12　　22

第二章 數的發展

我們可以用同樣的方法來觀察四角形數和五角形數。四角形數會按規律增加為1、4、9、16⋯⋯五角形數則是1、5、12、22⋯⋯其中，四角形數也被視為是平方數，因為將相同的數字相乘，如1×1 = 1、2×2 = 4、3×3 = 9，這些數字正好對應四角形數。現在讓我們試著從四角形數中找出平方數吧。

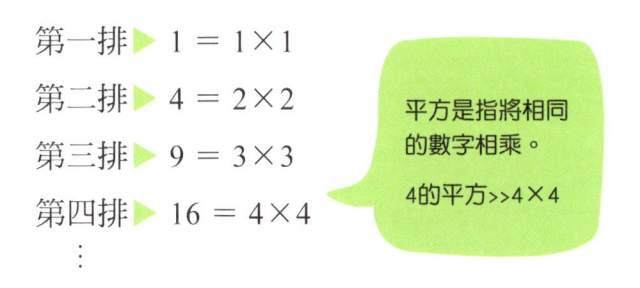

第一排 ▶ 1 = 1×1
第二排 ▶ 4 = 2×2
第三排 ▶ 9 = 3×3
第四排 ▶ 16 = 4×4
　⋮

> 平方是指將相同的數字相乘。
> 4的平方>>4×4

四角形數中藏著一個有趣的規則，那就是自然數加總，會變成平方數。舉例來說，如果我們沿著對角線觀察這個四角形數16個點的數量，會發現排列順序是1、2、3、4、3、2、1。將這些數加起來，就是1+2+3+4+3+2+1 = 16。

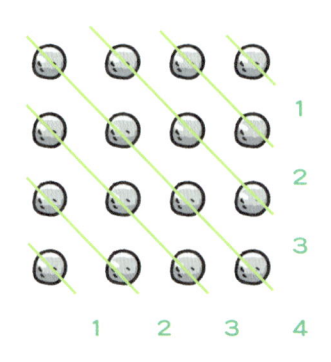

第一排 ▶ 1 = 1×1

第二排 ▶ 1+2+1 = 2×2 = 4

第三排 ▶ 1+2+3+2+1 = 3×3 = 9

第四排 ▶ 1+2+3+4+3+2+1 = 4×4 = 16
⋮

　　有形數還有一個很有趣的特性：把相鄰的兩個三角形數相加，如 1 和 3、3 和 6、6 和 10，就會得到四角形數。此外，如果我們稍微移動兩個三角形數中的點，變成兩個直角三角形，再將兩個三角形數相加，就會組成四邊形，產生對應的四角形數。

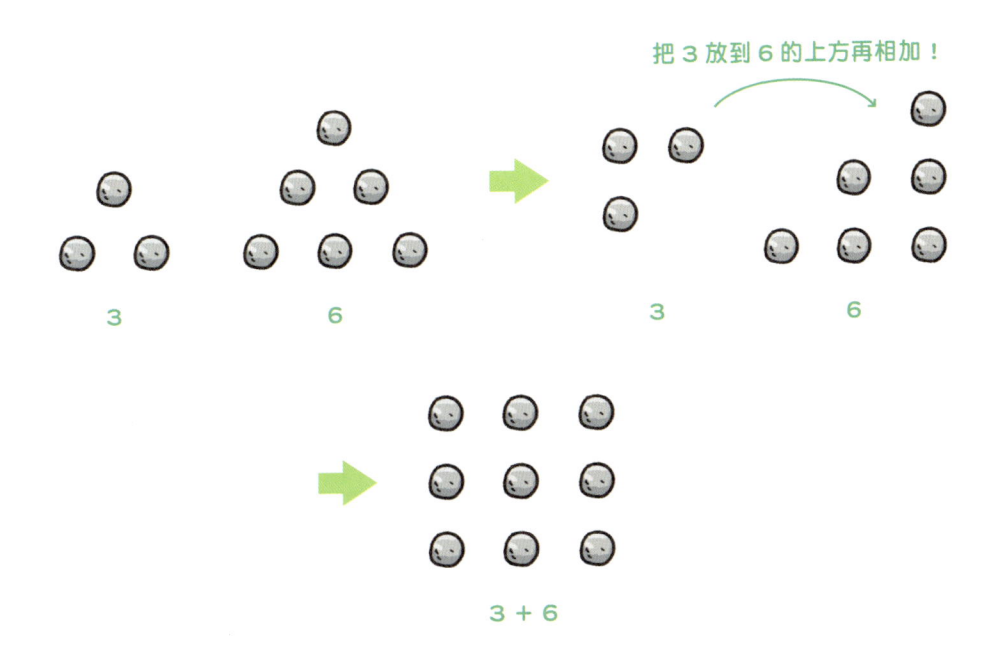

把 3 放到 6 的上方再相加！

3　　　　6　　　　3　　　6

3 + 6

第二章 數的發展　113

# 16. 方便表示大數的位值計數系統

★ 國中小數學銜接 ★
二年級：三位數
三年級：四位數
四年級：大數

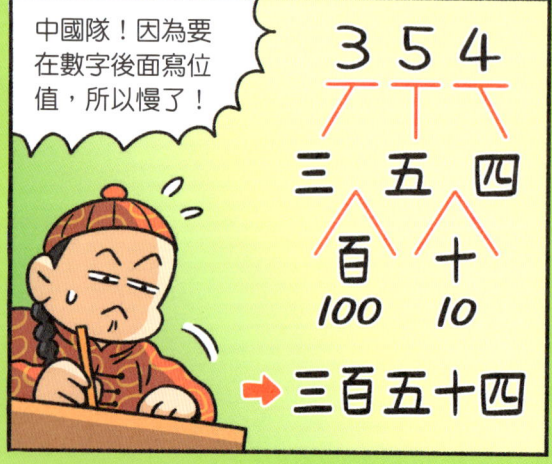

---

最快寫出答案就是贏家！問題來了！

$$128 + 226 = ?$$

登登～

瞪大眼睛

---

羅馬隊！寫答案花的時間越來越長！

354

100 (C) 50 (L) 4 (IV)
+100 (C)
+100 (C)

➡ 300+50+4
➡ CCCLIV

---

中國隊！因為要在數字後面寫位值，所以慢了！

354
三 五 四
百 十
100 10

➡ 三百五十四

---

印度隊！只用數字的位置表示位值，花了一秒就成功了！

354
百 十 個

➡ 354

結束！
這麼快？

### 本章內容

★ 隨著位值變化的自然數
★ 數字中位值的重要性

　　從古埃及、巴比倫、馬雅、羅馬、中國到印度，不同的文明用各自的方式表示數，他們用符號表示數，並透過分組計算發展出各種計數系統。不過，那時的人們還沒有「位值」的概念，也就是像 354、248 這樣的數字，每一個數字根據它所在的位置有著不同的意義。

　　我們現在只需要 0、1、2、3、4、5、6、7、8、9 這 10 個數字，就能寫出任何數字，例如：比 9 大 1 的數是 10；比 99 大 1 的數是 100；比 999 大 1 的數是 1000。每當數字向左移動一位，它的數值就會變成原來的 10 倍。這種計數系統稱為「十進位」。它是一種根據位置不同，數值就會改變的計數系統。

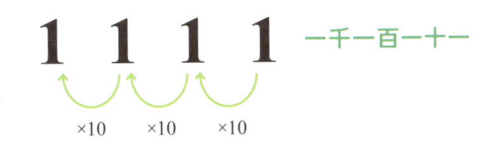

$$1\ 1\ 1\ 1$$ 一千一百一十一

×10　×10　×10

　　「位值」是指同一個數字放在不同位置時，代表的數值會不同。像 354 和 543 這兩個數字，雖然都有數字 3，但它們的位置不同，所以 3 所代表的數值也不同。

數字3在百位數？
是3個100，所以是300！

**354　543**

數字3在個位數？
是3個1，
所以是3！

第二章 數的發展

# 容易表示大數的位值計數系統

羅馬人用 7 個數字就能表示所有他們想表達的數字。這些羅馬數字是怎麼組成的呢？

I = 1, V = 5, X = 10, L = 50, C = 100, D = 500, M = 1000

4 是把代表 1 的 I 放在代表 5 的 V 左邊，變成 IV；6 是把 I 放在代表 5 的 V 的右邊，變成 VI；9 是把 I 放在代表 10 的 X 左邊，變成 IX；11 是把 I 放在代表 10 的 X 左邊，變成 XI。

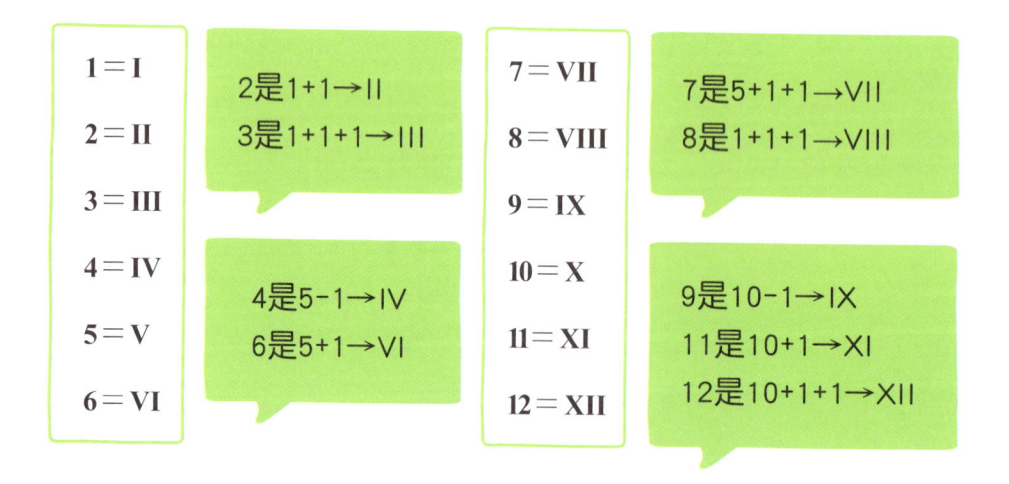

| | |
|---|---|
| 1 = I | 2 是 1+1→II |
| 2 = II | 3 是 1+1+1→III |
| 3 = III | |
| 4 = IV | 4 是 5-1→IV |
| 5 = V | 6 是 5+1→VI |
| 6 = VI | |

| | |
|---|---|
| 7 = VII | 7 是 5+1+1→VII |
| 8 = VIII | 8 是 1+1+1→VIII |
| 9 = IX | |
| 10 = X | 9 是 10-1→IX |
| 11 = XI | 11 是 10+1→XI |
| 12 = XII | 12 是 10+1+1→XII |

那更大的數字又是怎麼表示的呢？例如，354 就是 CCCLIV；2148 就是 MMCXLVIII。以下是將這兩個數字分別拆解並整理的結果：

354 ＝ 100 ＋ 100 ＋ 100 ＋ 50 ＋ 4 ▶ CCCLIV
2148 ＝ 1000 ＋ 1000 ＋ 100 ＋ 10 ＋ 10 ＋ 10 ＋ 10 ＋ 5 ＋ 1 ＋ 1 ＋ 1
　　　▶ MMCXLVIII

要寫出像 354 這樣的數字還算簡單，但像 2148 這樣較大的數字，是不是就有點複雜了呢？由於羅馬計數系統只有 7 個基本數字，因此當數字變大時，就變得越來越不方便。

相對而言，中國計數系統基本上使用 13 個數字，像是 354 寫作「三百五十四」；2148 則是「二千一百四十八」。

| | | |
|---|---|---|
| 1 ＝ 一 | 6 ＝ 六 | 100 ＝ 百 |
| 2 ＝ 二 | 7 ＝ 七 | 1000 ＝ 千 |
| 3 ＝ 三 | 8 ＝ 八 | 10000 ＝ 萬 |
| 4 ＝ 四 | 9 ＝ 九 | |
| 5 ＝ 五 | 10 ＝ 十 | |

和羅馬數字一樣，無法一目了然。

354 ＝ 3×100 ＋ 5×10 ＋ 4 ▶ 三百五十四
2148 ＝ 2×1000 ＋ 1×100 ＋ 4×10 ＋ 8
　　　▶二千一百四十八

中國的計數系統建立在乘法和加法的基礎上，和羅馬計數系統一樣，在處理較大的數字時，顯得較為不便。這是因為羅馬和中國的計數系統都是用不同的符號搭配不同的位置表示數字，所以數字越大，就需要用越多的符號。大家想想看，如果我們要用這種方式進行加法或減法，會怎樣呢？是不是還沒開始算，光寫數字就要好久？所以，據說當時的人不會拿筆一個個寫下來計算，而會用算籌或算盤這種工具輔助計算。

算籌

我們現在使用0、1、2、3、4、5、6、7、8、9這10個數字，就能輕鬆地分辨大小、進行計算。這套計數系統是印度發展的。

它的特點是，根據位置不同，即便是相同的數字，代表的數值也會不同，因此也被稱為「位置計數系統」。它和中國計數系統不同，不需要在每個數字後面加上單位，只要直接排列數字，就能一眼看出大小。

$100 \times 3 + 10 \times 5 + 4$ ▶ 354

$1000 \times 2 + 100 \times 1 + 10 \times 4 + 8$ ▶ 2148

在百位數上的數字3表示300。
在十位數上的數字5表示50。
在個位數上的數字4表示4。

在千位數上的數字2表示2000。
在百位數上的數字1表示100。
在十位數上的數字4表示40。
在個位數上的數字8表示8。

跟其他計數系統比起來，這種系統不但書寫方便，連計算也更為便利，對吧？阿拉伯商人很早就發現它的優點，把它帶到了世界各地，一直沿用至今。

# 17. 從《周易》中出現的二進位

★ 國中小數學銜接 ★
一年級：10 以內的數字、50 以內的數字、100 以內的數字
二年級：三位數
三年級：四位數

**國王**：要想出更快的計算方式減輕百姓的痛苦！

哇，真是好主意！您有什麼想法？

**國王**：這是你要想的。

頭痛

我要瘋了……

叮咚 叮咚

忙到沒空和外界聯絡……到底是誰？

叩叩

吼～

萊布尼茲，是我。我聯絡不上你，只好親自登門了。

我帶了中國的禮物給你喔！

《周易》

朋友！怎麼這麼晚才來？

你喜歡我的禮物嗎？

默契

### 本章內容

★ 把數字轉換成二進位
★ 比較十進位和二進位
★ 十進位與二進位的互換

當我們看到 4 顆果實能很快地說出有 4 顆，不過在過去，人們的表示方法不一樣，當時，1 被稱為「1」；2 被稱為「2」；3 被稱為「21」；4 被稱為「22」。為什麼 3 會被稱為「21」呢？這是因為他們認為 3 是一個 2 和一個 1 所組成的。同理，4 之所以被稱為「22」，是因為 4 是由兩個 2 組成的。

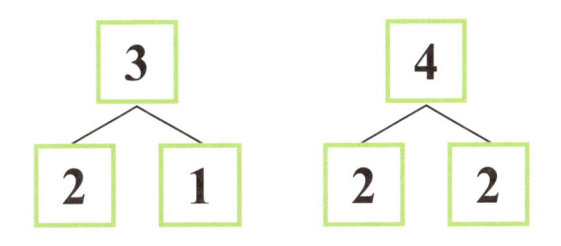

```
    3              4
   / \            / \
  2   1          2   2
```

5 是「221」；6 是「222」。

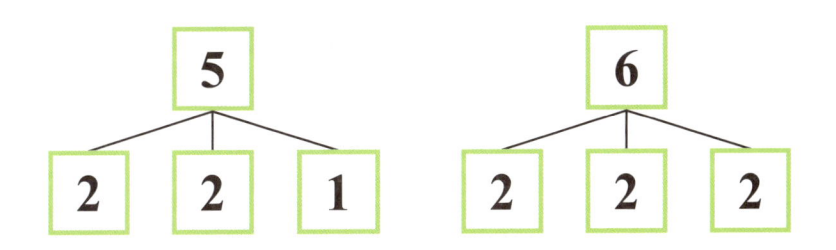

```
     5              6
    /|\            /|\
   2 2 1          2 2 2
```

早在古代，人們就已經開始使用二進位計算和表示數字。到了 17 世紀，德國數學家萊布尼茲（Gottfried Wilhelm Leibniz）對此進行了深入研究。他從中國《周易》中的「八卦」中獲得靈感。《周易》的基本單位「爻（一ㄠˊ）」，其中代表 1 的是陽爻（—），代表 0 的是陰爻（- -）。代表 0 的陰爻（- -）的兩個短橫看起來像在陽爻（—）的中間打洞，象徵著「空」，也就是 0 的概念。在《周易》中，每個卦都是由 6 個爻組成，每個爻都分成陽爻（—）和陰爻（- -），6 個爻共會產生 2 的 6 次方種排列組合。這就是周易的六十四卦。

　　傳統的東方陰陽思想其實就蘊含著二進位的概念。陰陽思想主張世界萬物皆由對立的陰陽特性組成，例如黑暗與光明、月亮與太陽、女性與男性、奇數與偶數等等。在韓國的國旗——太極旗中也有陰陽概念。旗幟中央的太極圖案中，藍色代表陰，紅色代表陽。

# ● 用二進位表示數

我們今天能享受便利的生活，都是多虧了電腦。電腦怎麼能夠快速儲存大量資訊，還能在我們需要時隨時顯示這些資訊呢？

電腦會把我們輸入的文字、數字、圖片等，全部轉換成電子訊號儲存起來。當沒有電子訊號時，電腦記為 0；當有電子訊號時則記為 1。電腦用 0 和 1 的兩種狀態去儲存和處理資訊，有效地減少出錯機率。那電腦又是怎麼把十進位的數轉換成二進位的呢？

從 0 到 20 的十進位數轉換成二進位後，會如右表所示。為了方便與十進位數區分，我們把二進位表示的數稱為「二進位數」，並在數字旁邊標註一個小小的（2）。

| 十進位 | 二進位 |
| --- | --- |
| 0 | 0(2) |
| 1 | 1(2) |
| 2 | 10(2) |
| 3 | 11(2) |
| 4 | 100(2) |
| 5 | 101(2) |
| 6 | 110(2) |
| 7 | 111(2) |
| 8 | 1000(2) |
| 9 | 1001(2) |
| 10 | 1010(2) |
| 11 | 1011(2) |
| 12 | 1100(2) |
| 13 | 1101(2) |
| 14 | 1110(2) |
| 15 | 1111(2) |
| 16 | 10000(2) |
| 17 | 10001(2) |
| 18 | 10010(2) |
| 19 | 10011(2) |
| 20 | 10100(2) |

二進位時數的讀法如下：

- 11（2）▶ 二進位數 一一
- 100（2）▶ 二進位數 一零零
- 1010（2）▶ 二進位數 一零一零

> 只讀出每個位置的數字！

二進位是以 2 為一組，每當位數往前進一位，數值就會變成原本的 2 倍。

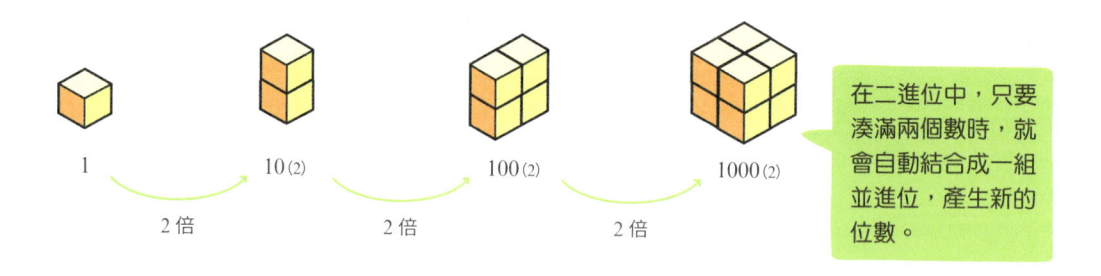

1　　　10(2)　　　100(2)　　　1000(2)

2 倍　　2 倍　　2 倍

> 在二進位中，只要湊滿兩個數時，就會自動結合成一組並進位，產生新的位數。

我們來和十進位比較一下吧。十進位是以 10 為一組的系統，每當往前進一位，值就會變成原來的 10 倍。

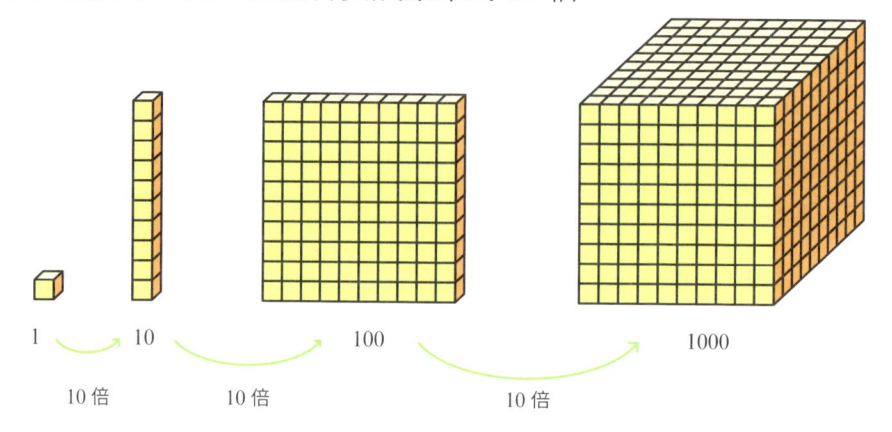

1　　　10　　　100　　　1000

10 倍　　10 倍　　10 倍

用二進位來表示數字看似複雜，其實原理非常簡單。就像十進位數每湊滿 10 就會產生新的位數（上升一位）一樣，二進位數則是每湊滿 2 就會進位，產生新的位數。

二進位制只使用 0 和 1 來表示數。當我們要表示比 1(2) 大的數時，就需要進位，會變成 10(2)；比 10(2) 大 1 的數會變成 11(2)；比 11(2) 大 1 的數就要再次進位，變成 100(2)。

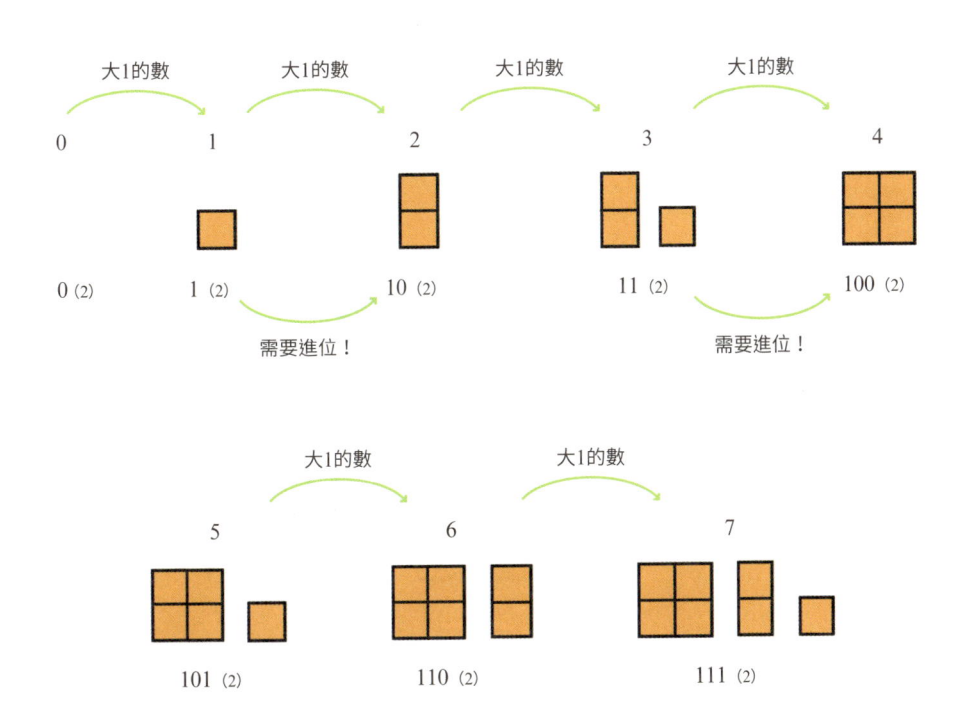

其實，有一個更簡單的方法可以把十進位數轉換成二進位數，就是不斷地除以 2，將每次的餘數從下往上排列，就能得到二進位數。讓我們來試試把十進位數 11 轉換成二進位數吧？

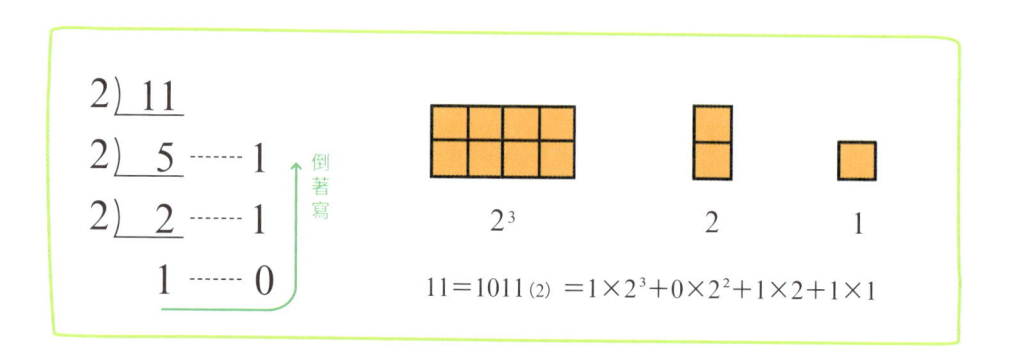

$2 \overline{)11}$
$2 \overline{)5}$ ------ 1
$2 \overline{)2}$ ------ 1
　　$1$ ------ 0

倒著寫

$2^3$　　　　$2$　　　$1$

$11 = 1011_{(2)} = 1 \times 2^3 + 0 \times 2^2 + 1 \times 2 + 1 \times 1$

將十進位數 15 和 23 轉換成二進位數的過程如下：

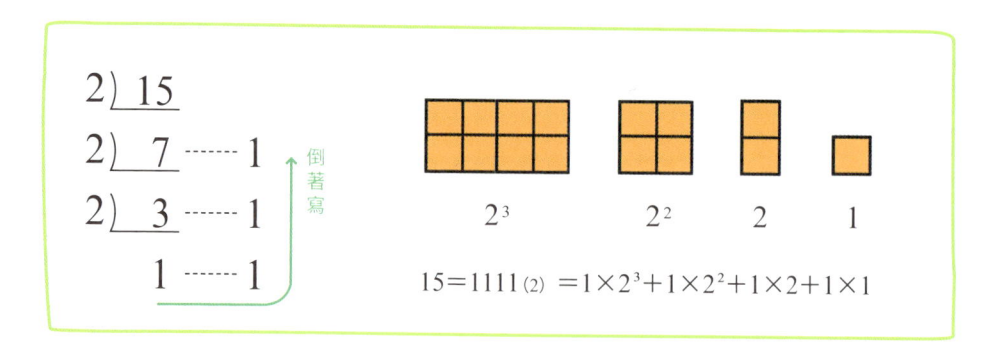

$2 \overline{)15}$
$2 \overline{)7}$ ------ 1
$2 \overline{)3}$ ------ 1
　　$1$ ------ 1

倒著寫

$2^3$　　$2^2$　　$2$　　$1$

$15 = 1111_{(2)} = 1 \times 2^3 + 1 \times 2^2 + 1 \times 2 + 1 \times 1$

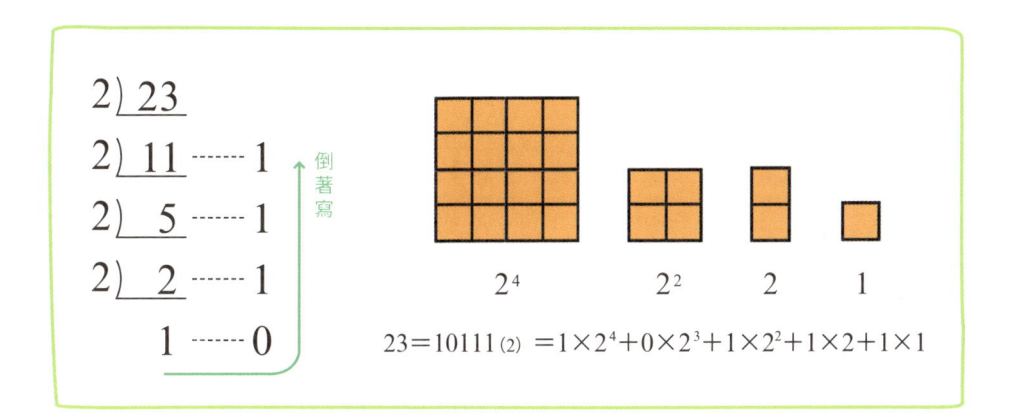

$$2 \overline{)23}$$
$$2 \overline{)11} \cdots\cdots 1$$
$$2 \overline{)5} \cdots\cdots 1$$
$$2 \overline{)2} \cdots\cdots 1$$
$$\phantom{2 \overline{)}}1 \cdots\cdots 0$$

倒著寫

$2^4$　　　$2^2$　　$2$　　$1$

$23 = 10111_{(2)} = 1 \times 2^4 + 0 \times 2^3 + 1 \times 2^2 + 1 \times 2 + 1 \times 1$

## 人類和電腦溝通的方式

　　人類習慣使用十進位，但電腦卻使用二進位。當彼此使用不同的語言時，自然無法理解對方的意思，於是人們開始思考該如何和電腦溝通，最後發明了程式，也就是把想表達的內容，寫成電腦看得懂的指令。程式碼是由一連串電腦可辨識的指令所組成的，目的是方便與電腦（機器人或 AI）溝通。現在連國小也有開設程式設計課程，讓學生輕鬆有趣地接觸複雜的程式，引領他們透過積木式程式語言（block coding），輕鬆自然地了解演算法後，再銜接到文字程式語言（text coding）。在程式執行過程中，編譯器（compiler）扮演翻譯的角色，負責將我們寫的指令，轉換成電腦能理解的二進位。

第二章　數的發展

# 18. 受文化影響出現的各種進位制

★ 國中小數學銜接 ★
一年級：10 以內的數字、50 以內的數字、100 以內的數字
二年級：三位數
三年級：四位數

---

從人類開始學會計數以來，不同文化出現了不同的進位制。

**10**

因為我們有十根手指，所以十進位是最常見的！

---

但你知道我們巴比倫人用的是六十進位嗎？為什麼一小時是六十分鐘？仔細想想看吧。

**60**

呵呵

驚

---

還有埃及的十二進位！一年有十二個月，白天黑夜各十二小時！

埃及

**12**

真的耶？

---

說不定在這廣闊宇宙的某個角落，存在著一億兩千萬進位呢。

**120000000**

那是要怎麼算啦？

### 本章內容

★ 含有各國文化特色的各種進位制
★ 不同進位制的特點

　　數、計數、進位制的演變與人類文明的發展息息相關。根據不同的用途和便利程度，有些進位制的使用頻率相對較高，就像我們平時習慣用十進位；時鐘用十二進位和六十進位；電腦則偏好二進位和十六進位一樣，每個時代都有流行的進位制。讓我們從大家熟悉的《格列佛遊記》裡一窺原因吧。

> 小人國國王量了格列佛的身高後，給了他約小人國1728人份的食物。為了報答國王的美食，格列佛必須幫小人國完成一些事。

　　《格列佛遊記》描述主角格列佛從英國出航後，意外漂流到小人國，在那裡發生的一連串趣事。在故事中，格列佛的食量遠比小人國的人民大。那為什麼故事中不說國王給了他 1000 人或 2000 人份的食物，偏偏要說 1728 人份呢？這是因為在作者創作這個作品的年代，英國普遍採用十二進位，故事裡提到，格列佛

的身高是小人國百姓的 12 倍，那他的身體體積就是 12×12×12 = 1728 倍，他的食量當然就是 1728 人份才對。如果只是模糊地描述給了他「很多的食物」，而不是「1728 人份的食物」，故事的生動感將會大減。巧妙融入數學和科學的概念，也正是《格列佛遊記》的精采之處。

> **計算體積的公式：（體積）＝（長）×（寬）×（高）**
> 當長、寬、高都增加為原來的2倍時，
> 體積就會變成 $2×2×2$，
> 是原本體積的8倍。
>
> 8倍

十二進位是以 12 為一組的進位系統，也可以應用在除法上，有個經典的例子就是 3 人分 10 隻兔子。

$10÷3 = 3…1$ ▶ 每人先拿 3 隻，不過會剩下 1 隻耶！

$10÷3 = \frac{10}{3}$（$= 3\frac{1}{3}$）▶ 大家都會分數吧？公平地，每人分 $3\frac{1}{3}$ 隻吧！

$10÷3 = 3.333…$ ▶ 每人拿 3 隻，再各拿 0.333…隻，如何？

每人各拿 3 隻以後，剩下的 1 隻該怎麼辦呢？很難平分成 0.333，所以解決方法就是乾脆放生剩下的那隻兔子，或是再去抓 2 隻兔子！為什麼是 2 隻？因為如果再抓 2 隻，每人 4 隻，剛好平分！如果有 12 隻的話，不管是 2 個人、3 個人、4 個人或 6 個人都能剛好平分。因為 12 可以被 2、3、4、6 整除，在日常中比 10 更實用，很多地方都採用了以 12 為一組的十二進位。

# ● 各種神奇的進位制

一年有 12 個月。我們在計算月份的時候，用的其實也是十二進位，就像二進位用 0 和 1 表示，十進位用 0 到 9 表示。以此類推，十二進位理論上也應該用 12 個數字表示。不過，現在我們還是用 0 到 9 的數字來標記月份，而我們的祖先早就聰明地想好辦法，替剩下的十一月和十二月取了特別的名字，因此農曆的十一月和十二月稱號「冬月」和「臘月」。

| 1月 | 2月 | 3月 | 4月 | 5月 | 6月 | 7月 | 8月 | 9月 | 10月 | 11月 | 12月 |
|---|---|---|---|---|---|---|---|---|---|---|---|
| 正月 | 一月 | 二月 | 三月 | 四月 | 五月 | 六月 | 七月 | 八月 | 九月 | 冬月 | 臘月 |

用英文數 1 到 20 時，從 13 到 19 的數字，結尾幾乎都是 -teen，是吧？那為什麼 11 和 12 卻不是 -teen 結尾呢？這和古代西方社會常用的十二進制有關。由於 12 能被 2、3、4、6 整除，非常方便，成為了日常生活中常用的數字。這也是為什麼 11 和 12 不用 teen 結尾，被賦予了完全不同的名稱，11 是「eleven」，12 則是「twelve」。

| 1 | 2 | 3 | 4 | 5 | 6 | 7 | 8 | 9 | 10 |
|---|---|---|---|---|---|---|---|---|---|
| one | two | three | four | five | six | seven | eight | nine | ten |
| 11 | 12 | 13 | 14 | 15 | 16 | 17 | 18 | 19 | 20 |
| eleven | twelve | thirteen | fourteen | fifteen | sixteen | seventeen | eighteen | nineteen | twenty |

在我們日常生活中，還有哪些地方能找到十二進位呢？舉例來說，電腦鍵盤最上排的 F 鍵，從 F1 到 F12 共有 12 個鍵。其實，一開始的鍵盤設計，功能鍵僅配置到 F10，後來為了讓操作更方便，才加到 12 個鍵。

我們也能在星期制中找到其他的進位喔。星期一、星期二、星期三、星期四、星期五、星期六、星期日！大家打開日曆就會發現每 7 天就會重複一星期吧？星期制裡包含了每 7 天為一星期的七進位。一年有 365 天，除以 7 的話就是 365÷7 = 52 餘 1。所以，每年過完 52 個星期後，總是會多 1 天。比如說，如果今年 1 月 1 日是星期一，那麼明年的 1 月 1 日就會是星期二；如果遇上閏年，二月會有 29 天，那麼一年就有 366 天，過完 52 個星期後會多兩天。

在表示時間時，60 秒等於一分鐘；60 分鐘等於一小時。這都是因為六十進位。60 可以被很多數字整除，如 2、3、4、5、6、10、12、15、20、30 等，使用起來非常方便，因此用途廣泛。此外，我們也會用到百進位。我們都說自己活在 21 世紀，對吧？每 100 年就會邁入下一個世紀，劃分世紀就是百進位的應用。

| | |
|---|---|
| 1-100年 | 1世紀 |
| 101～200年 | 2世紀 |
| 201～300年 | 3世紀 |
| …… | |
| 2001～2100年 | 21世紀 |
| 2101～2200年 | 22世紀 |
| 2201～2300年 | 21世紀 |

# 科學中使用的進位

## 三進位

電腦是以二進位運作的，但隨著科技不斷進步，最近出現了三進位的半導體。三進位的半導體使用 0、1 和 2 處理資訊，運算速度比二進位半導體更快，能源消耗也更低。

## 四進位

DNA 含有基因資訊。A（腺嘌呤）、C（胞嘧啶）、G（鳥嘌呤）、T（胸腺嘧啶）這四種鹼基的排列方式決定了每個人的特性。所以，DNA 就像是由四種鹼基基序組成的四進位身分證。

## 十六進位

十六進位能用較少的位數表示更多數字，常見於電腦領域，英文是「Hex (Hexadecimal)」。在十六進位中，數字從 0 到 9 都和十進位相同，但從 10 開始就用英文字母表示。10 表示為 A；11 表示為 B；12 表示為 C；13 表示為 D；14 表示為 E；15 表示為 F；16 表示為 10。十進位的兩位數範圍為 0 到 99，共可表示 100 個數；十六進位的兩位數範圍則為 0 到 255，共可表示 256 個數。

第二章 數的發展　133

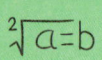

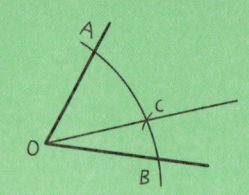

# 第三章 日常生活中的數

**本章你會學到：**

**1** 曆法中有哪些數？

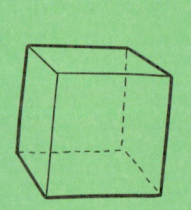

**2** 藏在序列中的特別規則

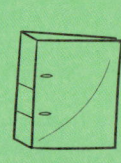

**3** 藏在數字金字塔的
數字規則是？

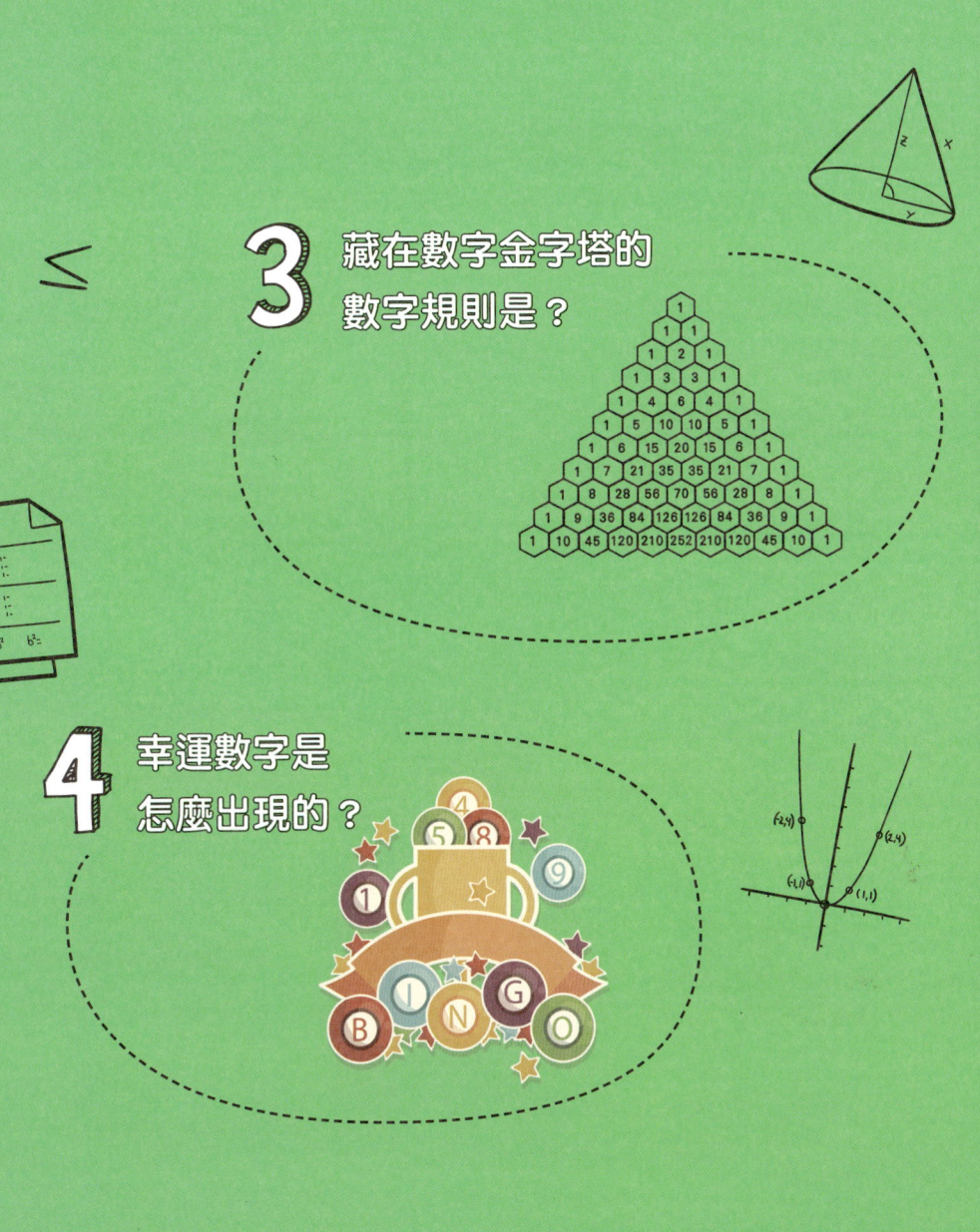

**4** 幸運數字是
怎麼出現的？

# 19. 從時節中出現的曆法

★ 國中小數學銜接 ★
一年級：10 以內的數字、50 以內的數字、100 以內的數字
二年級：三位數
三年級：四位數

這果實什麼時候才會熟？

我和朋友約好日落時分見面，可是天已經黑了。

嗯……

要過上更好的生活就需要掌握時間！讓我們記錄日月的運行吧！

好！　說得對！

記錄時間之後，種地也變得方便！

為什麼要特別標記出「明天」？

因為那是「一年中最重要的日子」！

嘿嘿～

今天我生日耶，怎麼大家都沒發現！

嗚哇哇～

既然是最重要的日子……

是假日！！

**本章內容**

★ 各種曆法
★ 曆法的特徵

　　很久很久以前，人們觀察天空中移動的太陽和月亮，發現了它們的運行藏有一定的週期。我們使用的曆法就是從這些觀察中演變而來的。大家應該都知道我們現在使用的曆法是由日、月、年組成的吧？日是指從太陽升到最高點，到隔天升到最高點所需的時間；月是指一次滿月到下次滿月的時間；年則是指地球繞太陽一圈所需的時間。人們根據這些週期整理出一眼就能看清楚的曆法。

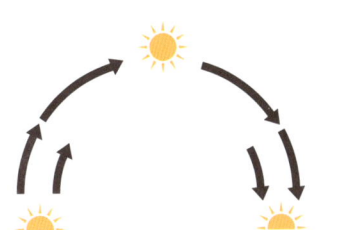

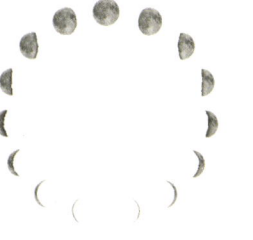

日：太陽的活動　　月：月亮的活動和變化　　年：地球的活動

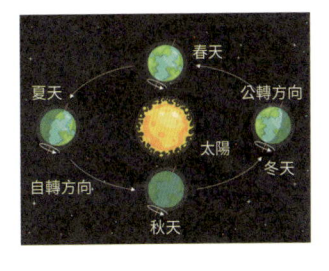

　　在還沒有曆法的古代，人們只能靠觀察日月的運行來判斷季節變化，否則可能會錯過狩獵或採收果實的最佳時機。據說約在三萬年前，人們仔細觀察月相變化，在獸骨上刻出了月曆。到了古埃及，尼羅河年年氾濫，人們開始觀察河水氾濫的時期，發現

第三章　日常生活中的數

存在某些規律，加以計算後創造出曆法。埃及人以地球繞太陽一圈所需的時間，也就是約 365.2424 天為準，制定出一年有 365 天的「太陽曆」。除了埃及的太陽曆，古蘇美人也根據月亮的運行週期制定曆法，而馬雅人更進一步觀察太陽、月亮與金星，發展出獨特的曆法。

陰曆是根據月亮的變化來制定的，從一次滿月到下一次滿月的時間（也就是月球繞地球一圈的週期）29.53 天制定的。後來，古羅馬人受到陰曆的啟發，將一年分成 10 個月。據說當時的羅馬統治者龐皮留斯（Numa Pompilius）在曆法的前後各加了一個月，使一年變成 12 個月，共 365 天。然而，將月亮公轉週期乘以 12 個月，得出的結果是 354.4 天，不是 365 天。起初，古羅馬人將一年定為 304 天，並補充額外的 50 天。此外，羅馬人認為奇數比偶數吉利，將 354.4 進位後取整數，變成 365 天，作為陰曆的標準。不過，後來人們發現陰曆不夠準確，改採每年為 365.2422 天的太陽曆。即使如此，羅馬人還是捨不得放棄陰曆，便發展出陰陽曆。陰陽曆以 4 年為一個循環，為調節差異，交替使用 355 天、378 天、355 天、377 天。

# ● 表示時節的各種曆法

羅馬的凱撒大帝從埃及引入曆法，並制定了儒略曆（Julian calendar），這也是我們今天所用曆法的原型。凱撒大帝將一年 365.2424 天四捨五入，定為 365.25 天，並進一步規定奇數月份，即 1 月、3 月、5 月、7 月、9 月和 11 月為 31 天；偶數月份，即 2 月、4 月、6 月、8 月、10 月和 12 月為 30 天。但如此一來，一年會變成 366 天。為了調整，他便將 2 月設為 29 天，讓一年的總天數回到 365 天。凱撒大帝也將自己的生日月份，也就是 7 月，命名為「July」。這正是儒略曆名稱的由來。儒略曆使用了長達千年之久。

**儒略曆**

> 因為一年變成366天，所以2月扣掉1天！2月定為29天！

| 1月 31天 | 2月 30天▶29天 | 3月 31天 | 4月 30天 | 5月 31天 | 6月 30天 |
|---|---|---|---|---|---|
| 7月 31天 | 8月 30天 | 9月 31天 | 10月 30天 | 11月 31天 | 12月 30天 |

後來，羅馬皇帝奧古斯都（Augustus）為了紀念自己打勝仗，將自己的生日月份，即 8 月，命名為「奧古斯都（Augustus）」，並將 2 月扣掉 1 天，讓 8 月變成 31 天。從那時起，7 月、8 月和 9 月都變成 31 天，而 8 月之後的偶數月變成 30 天，奇數月變成 31 天。

奧古斯都的曆法

| | 1月<br>31 天 | 2月<br>29 天 ▶ 28 天 | 3月<br>31 天 | 4月<br>30 天 | 5月<br>31 天 | 6月<br>30 天 |
|---|---|---|---|---|---|---|
| | 7月<br>31 天 | 8月<br>30 天 ▶ 31 天 | 9月<br>31 天 | 10月<br>30 天 | 11月<br>31 天 | 12月<br>30 天 |

> 8月是我生日，怎麼可以少1天！從2月扣掉1天，加到這裡來！

　　使用千年以上的儒略曆隨著時間流逝，逐漸暴露出問題。因為儒略曆將地球公轉週期 365.2422 天四捨五入成 365.25 天，每年就會產生約 11 分 14 秒的誤差。經年累月地累積下來，到了西元 1300 年左右，曆法和實際季節出現了 10 天的差距。雖然有人認為這點小誤差無傷大雅，但在以基督教為中心的中世紀社會裡，「復活節日期」出了錯，可是一個無比重大的問題。因此，當時的教宗額我略十三世（Gregorius PP. XIII）在 1582 年下令，直接把那年 10 月 4 日的隔天改成 10 月 15 日，調整誤差，讓復活節回到正確的時間點。此外，為了修正地球公轉週期與曆法之間的落差，他制定了以下曆法規則：

1. 若當年年份不是 4 的倍數，則 2 月有 28 天，一年定為 365 天（平年）。
2. 若當年年份是 4 的倍數，則 2 月有 29 天，一年定為 366 天（閏年。但若是 100 的倍數，則仍為平年；若是 400 的倍數則為閏年）。

額我略透過每400年設置97個閏年的方式，減少了地球公轉週期造成的誤差。這套曆法以當時的教宗命名，被稱為「額我略曆」。也就是我們現在用的曆法。不過，額我略曆有一個不方便的地方：由於每個月的天數不一致，有的月份30天，有的月份31天，導致每年的同一天不會固定落在星期幾。1931年，日內瓦曾提出一項曆法改革方案：將365天除以7，得到52週，再加上1天。他們建議將每個月統一為28天，一年分成13個月。13個月乘以28天就是364天，多出的1天就設定為第13個月的29日，並制定為公休日。為了延續原有月份的名稱，該方案在6月（June）與7月（July）之間新增一個名為Sol的月份，這也代表著一年變成13個月。這樣一來，7月之後的月份都會往後順延，原本的12月就變成13月。這種曆法被稱為「國際固定曆」（International Fixed Calendar）。不過，也許因為人們很難適應一年變成13個月，國際固定曆最終未被正式採用。

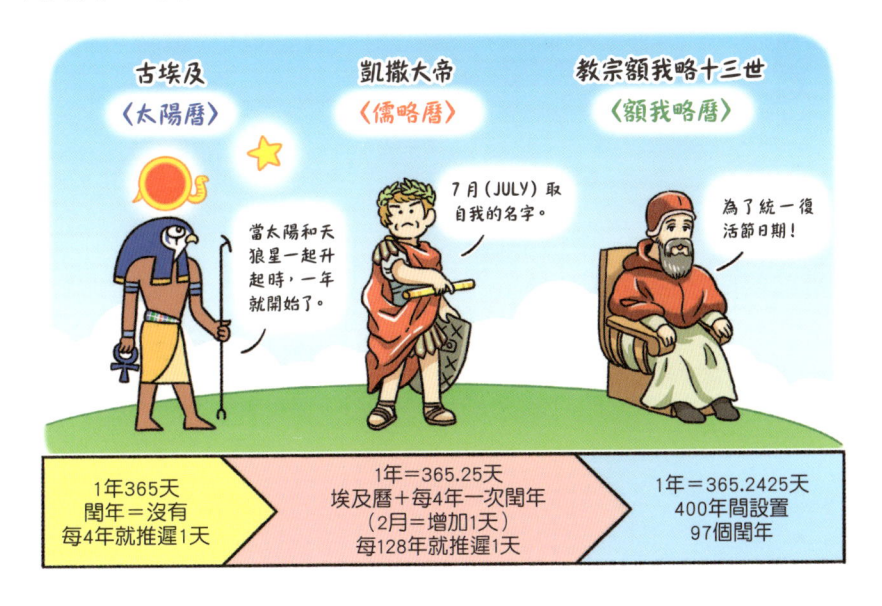

為了維持一年 12 個月,並讓每個日期對應的星期固定不變,人們設計出結合額我略曆和國際固定曆優點的新曆法——「世界曆」（The World Calendar）。世界曆將一年分成 4 季,每季 3 個月,每季的第一個月有 31 天,其餘月份為 30 天。而且每季的第一天都從星期日開始,如此一來,每年的曆法會完全相同,這代表曆法可以永久不變。世界曆的設計是 7 天為一週,每年有 52 週（一年的總週數）,共 364 天,那是不是還多出一天？多出的那一天,也就是 12 月 31 日,被設為全體公休日——「世界日」。遇到閏年時,6 月 30 日的隔天也設為世界日,成為 6 月 31 日。不過,這種創造公休日的作法,和國際固定曆一樣,被認為違反宗教傳統中的「安息日」原則,因此未被採用。

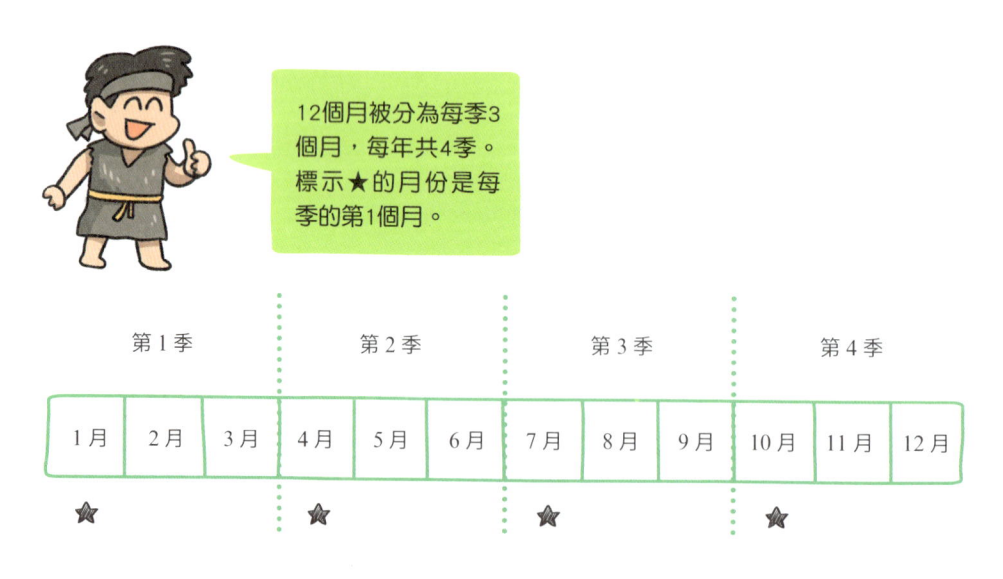

12個月被分為每季3個月,每年共4季。標示★的月份是每季的第1個月。

| 第1季 | 第2季 | 第3季 | 第4季 |
|---|---|---|---|
| 1月 2月 3月 | 4月 5月 6月 | 7月 8月 9月 | 10月 11月 12月 |
| ★ | ★ | ★ | ★ |

| 1, 4, 7, 10 月 |||||||
|---|---|---|---|---|---|---|
| 日 | 一 | 二 | 三 | 四 | 五 | 六 |
| 1 | 2 | 3 | 4 | 5 | 6 | 7 |
| 8 | 9 | 10 | 11 | 12 | 13 | 14 |
| 15 | 16 | 17 | 18 | 19 | 20 | 21 |
| 22 | 23 | 24 | 25 | 26 | 27 | 28 |
| 29 | 30 | 31 | | | | |

- 每季的第 1 個月有 31 天!
- 每季第 1 個月的第 1 天一定是星期日!

| 2, 5, 8, 11 月 |||||||
|---|---|---|---|---|---|---|
| 日 | 一 | 二 | 三 | 四 | 五 | 六 |
| | | | 1 | 2 | 3 | 4 |
| 5 | 6 | 7 | 8 | 9 | 10 | 11 |
| 12 | 13 | 14 | 15 | 16 | 17 | 18 |
| 19 | 20 | 21 | 22 | 23 | 24 | 25 |
| 26 | 27 | 28 | 29 | 30 | | |

- 其他月份為 30 天!

| 3, 6, 9, 12 月 ||||||||
|---|---|---|---|---|---|---|---|
| 日 | 一 | 二 | 三 | 四 | 五 | 六 | 世 |
| | | | | | 1 | 2 | |
| 3 | 4 | 5 | 6 | 7 | 8 | 9 | |
| 10 | 11 | 12 | 13 | 14 | 15 | 16 | |
| 17 | 18 | 19 | 20 | 21 | 22 | 23 | |
| 24 | 25 | 26 | 27 | 28 | 29 | 30 | 31 |

- 1 年的最後 1 天,12 月 31 日為共同公休日!

# 20. 源自於兔子的費氏數列

★ 國中小數學銜接 ★
六年級：數的規則
八年級：認識數列

和父親一起旅行，探索全新的世界的李奧納多‧費波那契。

走向……數學的世界

世界上居然有這麼多有趣的數字！

我很擔心我兒子，他回到家天天像傻瓜一樣盯著數字看。

我愛數學！！

嘻嘻嘻

如果讓他養繁殖能力強的兔子，他就能忘記數學了吧？

謝謝父親！

呵呵呵～

哇！兔子好可愛！

如果1對兔子每個月都生小兔子……？原來大自然裡也存在數列！

果然數學就是我的愛

搖頭

搖頭

**本章內容**

★ 費氏數列的意義
★ 尋找費氏數列中的規律

　　義大利數學家李奧納多・費波那契（Leonardo Fibonacci）運用自己環遊世界時學到的知識，寫下了一本關於計算的書《計算之書》（*Liber Abaci*）。這本書中介紹了許多關於阿拉伯數字加減乘除的應用。其中，有一道經典問題：有人將 1 隻公兔和 1 隻母兔放進圍欄中。從第二個月開始，這對兔子就開始生小兔子，而每對新生的兔子，在出生後的第二個月開始，也會以相同的速度生育下一代。那麼，一年後總共有多少對兔子呢？

| 月數 | 一開始 | 1個月後 | 2個月後 | 3個月後 | 4個月後 | 5個月後 |
|---|---|---|---|---|---|---|
| 兔子對數 | 1 | 1 | 2 | 3 | 5 | 8 |

第三章　日常生活中的數

一開始，兔子只有 1 對，一個月後，仍然只有這 1 對兔子。到了第二個月後，這對兔子生了 1 對新兔子，所以是 1+1 = 2（對）；等到第三個月，又生了 1 對，所以是 1+2 = 3（對）；第四個月時，最初那對兔子和第二個月出生的那對兔子，各自生下 1 對，變成 2＋3 = 5（對）；第五個月時，最初那對、第二個月出生的那對，和第三個月出生的那對，都各生了 1 對，變成 3＋5 = 8（對），對吧？這個數列蘊藏一個規律，那就是每個數字都是前兩個數字的和。

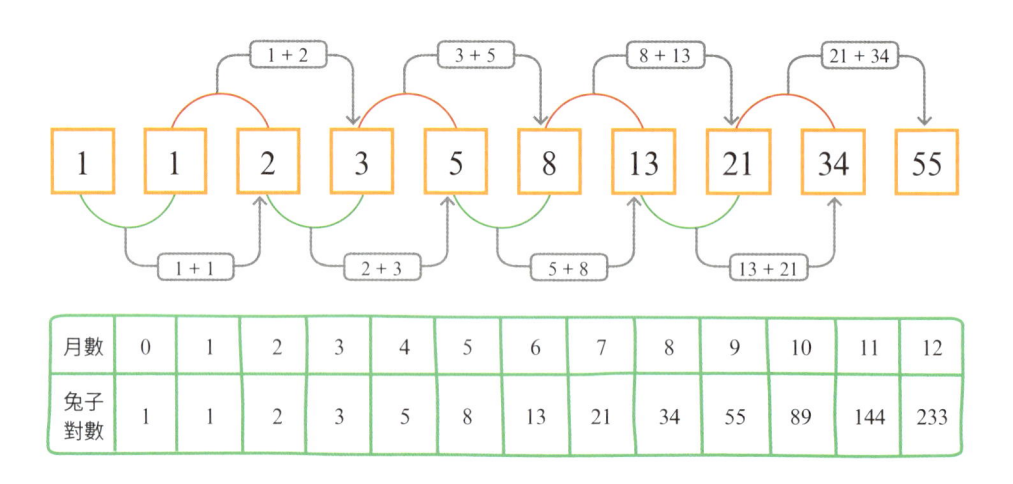

| 月數 | 0 | 1 | 2 | 3 | 4 | 5 | 6 | 7 | 8 | 9 | 10 | 11 | 12 |
|---|---|---|---|---|---|---|---|---|---|---|---|---|---|
| 兔子對數 | 1 | 1 | 2 | 3 | 5 | 8 | 13 | 21 | 34 | 55 | 89 | 144 | 233 |

如果 1 對兔子從第二個月開始，每個月都會生出 1 對新兔子，那麼 1 年後，兔子的總數會達到 233 對。這種數列被稱為「費波那契數列（Fibonacci Sequence）」。費波那契數列一開始是在解這道兔子問題時被發現的。但「費波那契數列」這個名字，卻是費波那契去世六百多年後，法國數學家愛德華・盧卡斯（Anatole Lucas）為了紀念他的發現才正式命名的，它又稱「費氏數列」。可惜的是，費波那契生前沒能聽到這個名稱。

# ● 大自然中隱藏的費氏數列

　　費氏數列是透過螺旋狀規律重複相加而形成的簡單數列。在大自然中，我們能發現許多與它相符的現象。正因如此，直到今日，仍有許多數學家持續研究它的特性，並應用到各個領域。

　　費氏數列的數字藏在自然界的各種現象中，據說花瓣的數量、向日葵或松果種子的螺線數、鸚鵡螺殼內的比例、樹枝的數量、植物莖上長出的葉片數等，都能觀察到費氏數列。讓我們一起看看是不是真的吧？

　　數一數你身邊花朵的花瓣數量吧。你會驚訝地發現，花瓣數量裡藏著某種有趣的規律。1瓣的百合、2瓣的虎刺梅、3瓣的水金英、5瓣的石竹、8瓣的大波斯菊、13瓣的瓜葉菊等。這些花瓣的數量真的恰好與費氏數列相符！為什麼花瓣數量會符合費氏數列呢？據說花苞綻放前為了保護花蕊，花瓣會層層疊疊排列、包覆，而費氏數列的排列方式是最有效的。不過需要注意的是，並非所有花的花瓣數量都符合費氏數列喔！

呈現費氏數列的花朵

　　在向日葵中，我們也能發現費氏數列的蹤跡。向日葵種子沿著螺旋形狀排列，這種結構能讓種子在狹小的空間更緊密地分布，也能增強抵禦風雨的能力。仔細觀察這些螺線，會發現它們呈現順時針和逆時針兩個方向。若仔細數一數螺線數，經常會出現 21 條、34 條、55 條等，這些都是費氏數列的數字。此外，松果的種子排列也呈現 8 條和 13 條螺線；而若從三個方向觀察鳳梨的六角形表皮，也會發現螺線數為 8 條、13 條、21 條。這些也都是費氏數列的數字。

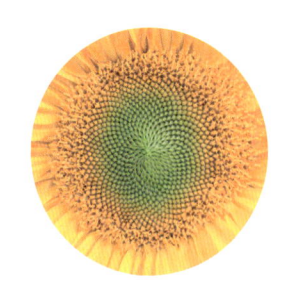

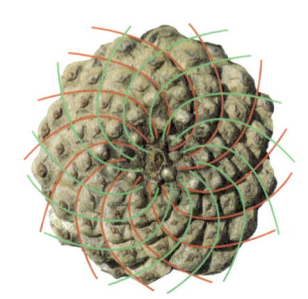

另外,動物身上也能發現費氏數列。以鸚鵡螺為例,牠的螺旋形外殼從中心向外逐漸擴大。如果測量這些逐漸擴大的圓的半徑,會發現它們的半徑比例,恰好符合 1、1、2、3、5、8、13、21、34……這樣的費氏數列。這樣的比例不只出現在動物身上,也能在宇宙的螺旋星系、颱風、草食動物的角上看見類似的比例。另外,費氏數列中每一對相鄰數字的比例也藏著一個神奇的現象。

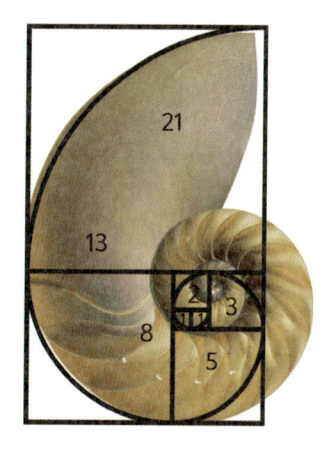

**鸚鵡螺**

$$\frac{1}{1}=1 , \frac{2}{1}=2 , \frac{3}{2}=1.5 , \frac{5}{3}=1.66 , \frac{8}{5}=1.6 , \frac{13}{8}=1.625 , \cdots$$

　　這個比例會逐漸趨近 1:1.618,也就是所謂的黃金比例。

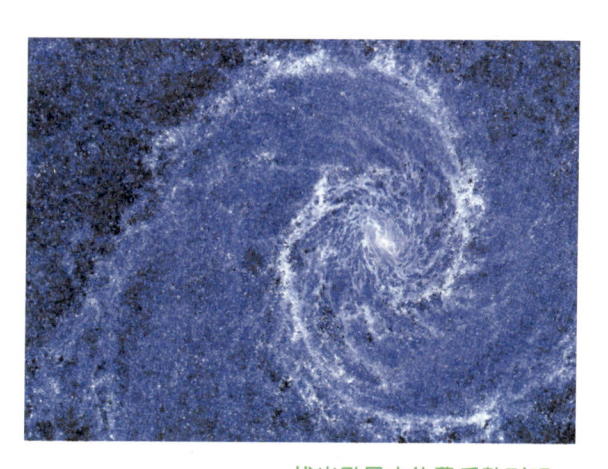

**找出颱風中的費氏數列吧!**

第三章 日常生活中的數

# 21. 源自於棋盤的卡普雷卡爾常數

★ 國中小數學銜接 ★
六年級：數的規則

---

**【格1】**
女：這裡好像沒人，可以坐嗎？
老人：呵呵呵
老人：當然可以！

**【格2】**
女：看來您遇到好事情？
老人：因為剛才路過的路牌上有數字30和25，我覺得很有趣。
女：……30和25有趣？

**【格3】**
老人：你知道嗎？我以前在洛杉磯時發現，30加上25等於55，對吧？這很簡單，但如果把55乘以自己，我的天！會出現3025！不覺得很有趣嗎？把前兩位和後兩位數相加再平方，居然正好等於原來的數！我覺得一定還有其他類似的數字！
女：噗
女：您……話真多

**【格4】**
女：那……我就告辭了……
女：暈眩 暈眩
女：我終於知道那個座位為什麼是空的了……
老人：這裡沒人吧？
老人：當然！對了，你知道嗎？

## 本章內容

★ 卡普雷卡爾常數的意義
★ 尋找卡普雷卡爾常數的規律

印度數學家卡普雷卡爾（D. R. Kaprekar）將 30 和 25 相加得到 55，又將 55 自乘。

$$30 + 25 = 55 \blacktriangleright 55 \times 55 = 3025$$

令人驚訝的是，竟然又得到了原本的數字 3025，卡普雷卡爾開始好奇，是否有其他數字也符合這個規律呢？於是他決定用同樣的方法，將某個數字拆解、相加，再自乘，看看是否能再次得到原來的數字。此外，數學家拉馬努金（Srinivasa Ramanujan）也在計程車車牌「1729」上發現與卡普雷卡爾在路標上觀察到的奇妙規律。是不是很神奇呢？

$$1729 = 12 \times 12 \times 12 + 1 \times 1 \times 1 = 12^3 + 1^3$$
$$= 10 \times 10 \times 10 + 9 \times 9 \times 9 = 10^3 + 9^3$$

1729 是一個特別的數字。它可以用兩組立方數相加得到。透過仔細觀察日常生活中看似平凡的數字，我們能發現許多令人驚奇的數學規律。

# ● 擁有特別規律的卡普雷卡爾常數

數學家就像科學家一樣,不斷探索隱藏在數字、圖形、日常現象與自然規律中的數學原理。這個世界上還有許多尚未被發現的數學規律,以及尚未被證明的問題,正等待我們解開。本書之所以向大家介紹費氏數列、卡普雷卡爾常數、巴斯卡三角形等內容,是希望能培養大家的數學思維,幫助大家從不同的角度思考複雜的問題,培養解決問題的能力。這些都是現代社會不可或缺的重要能力。

> **卡普雷卡爾常數**
> 「將某個數的平方拆成兩個部分再相加,
> 會得到原來的數。」

數學家卡普雷卡爾把自己發現的數學規律整理成公式。為了幫助大家更容易理解,下面以 3025 這個數得到的卡普雷卡爾常數 55 為例,一起來看看吧。

假設某個數為 55,將它平方後會得到 55 的「平方數」,也就是 3025。然後,我們再把 3025 拆成兩個部分:30 和 25,再將這兩個數字相加,就會得到原來的數 55,是吧?這個 55 就是卡普雷卡爾常數。另一個例子是 45,45 的平方是 2025,將 2025 拆成 20 和 25,相加後一樣是 45。

讓我們來看一下更複雜的卡普雷卡爾常數 297 吧?同樣地,

將 297 平方會得到 88209，對吧？88209 可以拆成 88 和 209，將這兩個數相加，結果是 297。就像拆分 88209 一樣，我們可以將五位數拆成「前兩位加上後三位」。

這個世界上到底有多少個卡普雷卡爾常數呢？根據目前的研究結果，卡普雷卡爾常數的數量非常龐大，難以一一列舉。在一位數到五位數的範圍內，已知的卡普雷卡爾常數如下：

| 一位數 | |
|---|---|
| | 1 ➡ 1×1 = 01, 0 + 1 = 1 |
| | 9 ➡ 9×9 = 81, 8 + 1 = 9 |

| 二位數 | |
|---|---|
| | 45 ➡ 45×45 = 2025, 20 + 25 = 45 |
| | 55 ➡ 55×55 = 3025, 30 + 25 = 55 |
| | 99 ➡ 99×99 = 9801, 98 + 01 = 99 |

| 三位數 | |
|---|---|
| | 297 ➡ 297×297 = 088209, 088 + 209 = 297 |
| | 703 ➡ 703×703 = 494209, 494 + 209 = 703 |
| | 999 ➡ 999×999 = 998001, 998 + 001 = 999 |

| 四位數 | |
|---|---|
| | 2223 ➡ 2223×2223 = 04941729, 0494 + 1729 = 2223 |
| | 2728 ➡ 2728×2728 = 07441984, 0744 + 1984 = 2728 |
| | 4950 ➡ 4950×4950 = 24502500, 2450 + 2500 = 4950 |
| | 5050 ➡ 5050×5050 = 25502500, 2550 + 2500 = 5050 |
| | 7272 ➡ 7272×7272 = 52881984, 5288 + 1984 = 7272 |
| | 7777 ➡ 7777×7777 = 60481729, 6048 + 1729 = 7777 |
| | 9999 ➡ 9999×9999 = 99980001, 9998 + 0001 = 9999 |

| 五位數 | |
|---|---|
| | 17344 ➡ 17344×17344 = 0300814336, 03008 + 14336 = 17344 |
| | 22222 ➡ 22222×22222 = 0493817284, 04938 + 17284 = 22222 |
| | 77778 ➡ 77778×77778 = 6049417284, 60494 + 17284 = 77778 |
| | 82656 ➡ 82656×82656 = 6832014336, 68320 + 14336 = 82656 |
| | 95121 ➡ 95121×95121 = 9048004641, 90480 + 04641 = 95121 |
| | 99999 ➡ 99999×99999 = 9999800001, 99998 + 00001 = 99999 |

接下來，再介紹另一個特別的規律。從 0 到 9 中選出三個數字，但不能三個數字都一樣。假設我們選了 3、3、7，用這三個數可以組成最大數 773、最小數 337，兩個數字相減會得到 396，再用 396 中的三個數字：3、9、6，組成最大數和最小數，再讓大數減小數，不斷重複剛才的步驟。大家猜猜看結果會怎樣？持續重複這樣的步驟，都會得到 495。這個數字就被稱為卡普雷卡爾常數。

| | | |
|---|---|---|
| 1. 從 0 到 9 中選 3 個數字，使其組成最大數和最小數。 | … | 從 0、1、2、3、4、5、6、7、8、9 中選出 3、3、7，用這 3 個數組成最大數和最小數。<br>最大數：733<br>最小數：337 |
| 2. 讓最大數減最小數，用得到的數字再次組成最大數和最小數。 | … | 773-337＝396<br>用 3、9、6 組成最大數和最小數。<br>最大數：963<br>最小數：369 |
| 3. 從步驟 2. 得到的最大數減去最小數 | … | 963-369＝594<br>用 5、9、4 組成最大數和最小數。<br>最大數：954<br>最小數：459 |
| 4. 會重複得到相同的數字 | … | 954－459＝495<br>954－459＝495<br>⋮ |

卡普雷卡爾常數也有四位數的版本。按照先前介紹的方法，從0到9的數字中任選四個數字，組成最大數和最小數，再讓最大數減去最小數。持續重複這個步驟，會發現無論最初選的是哪四個數字，最後都會得到6174。6174是第二個被發現的卡普雷卡爾常數。卡普雷卡爾常數是不是非常神奇呢？

# 22. 源自於數字金字塔的巴斯卡三角形

★ 國中小數學銜接 ★
六年級：數的規則
八年級：認識數列

不要，不要！我不要去玩！我要學數學！

不行，巴斯卡！你本來就體弱多病，不可以再讀書了。

巴斯卡

巴斯卡父親

三角形的三個角的和是180度，對吧？

天啊！

這……孩子，我叫他不要讀書，他居然自己領悟了我沒教過的東西！

看來我只能拿出幾何學的書了……

哼，這種高難度數學，就算是你也不可能自己搞懂吧？

幾何學

呵呵，我在看幾何學的書的時候，發現了數字金字塔喔。

1
1　1
1　2　1
1　3　3　1
1　4　6　4　1
1　5　10　10　5　1

居然發現了那個？這個臭小子！

他們好像都很享受探索的樂趣呢。

**本章內容**

★ 巴斯卡三角形的意義
★ 尋找巴斯卡三角形的規律

　　巴斯卡三角形是將數字按照特定規律排列成三角形的數學結構，這個三角形蘊含許多規律和性質。因為是法國數學家巴斯卡（Blaise Pascal）建立的理論，並發現了更多有趣的性質，因此被命名為「巴斯卡三角形」。然而，巴斯卡並不是第一個發現它的人，早在他之前，東方世界就已經知道這個三角形的存在。中國宋朝楊輝的數學著作《楊輝算法》和元朝朱世傑的數學著作《四元玉鑑》中，都記載了巴斯卡三角形。那麼為什麼在巴斯卡之前就已經被發現的三角形，會以巴斯卡的名字命名呢？這是因為巴斯卡在《論算術三角》（*Traite du triangle arithmetique*）中介紹了各種三角形性質，讓更多人知道了這個三角形，因此，最終以他的名字命名。

　　巴斯卡三角形每一行的開頭和結尾數字都是1，而中間的數字則是上一行相鄰兩個數字的加總。除了這個基本規律外，還能從中找出哪些簡單的規律呢？

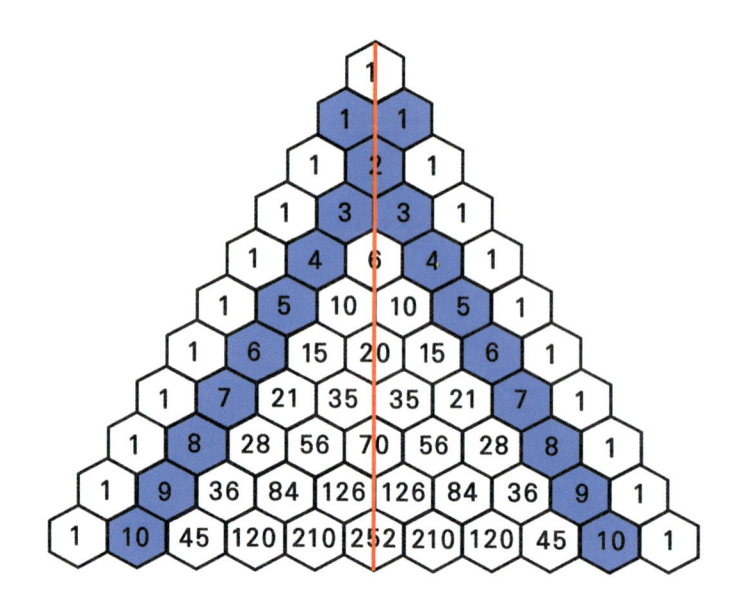

```
                    1
                 1     1
              1     2     1
           1     3     3     1
        1     4     6     4     1
     1     5    10    10     5     1
  1     6    15    20    15     6     1
1    7    21    35    35    21    7    1
1   8   28   56   70   56   28   8   1
1  9   36   84  126  126   84  36   9  1
1 10  45  120 210 252 210 120  45  10  1
```

仔細觀察藍色部分，是不是照著自然數的順序排列的？更神奇的是，以中間的紅線為準，左右兩邊的數字呈現完全對稱的排列。換句話說，只要沿著紅線對摺，兩邊的數字會完全重疊。除了這些規律外，要是大家以後繼續研究這個三角形，一定能發現更多比現在更有趣的規律。

數學是一門研究規律的學問，數學家巴斯卡認為從數學問題中找出隱藏的規律，非常有趣，我們是不是也可以學習巴斯卡的態度，從生活中的數學問題裡尋找隱藏的規律呢？儘管很難立刻有所發現，但只要持續觀察與思考，大家的數學思維能力就會大大提升。學校裡之所以教巴斯卡三角形，就是希望大家能從像費氏數列、巴斯卡三角形等的各種數字和數學問題，逐步培養數學思維能力。

# ● 巴斯卡三角形的規律

巴斯卡三角形中藏著許多規律，現在讓我們來看看幾個代表性的規律。首先，大家把巴斯卡三角形每一行的數字加起來。

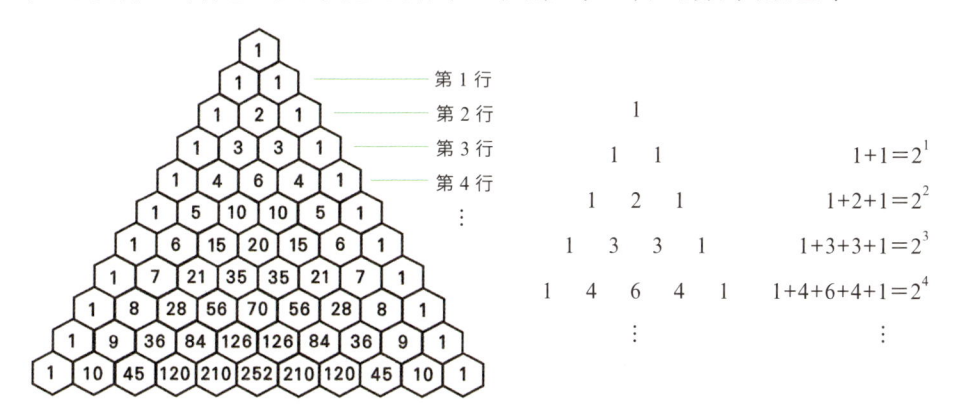

```
              1                    第1行
            1   1                  第2行
          1   2   1                第3行
        1   3   3   1              第4行
      1   4   6   4   1
    1   5  10  10   5   1
  1   6  15  20  15   6   1
1   7  21  35  35  21   7   1
1  8  28  56  70  56  28   8   1
1 9 36 84 126 126 84 36  9   1
1 10 45 120 210 252 210 120 45 10 1
```

$$\begin{array}{c} 1 \\ 1\quad 1 \qquad\qquad 1+1=2^1 \\ 1\quad 2\quad 1 \qquad\qquad 1+2+1=2^2 \\ 1\quad 3\quad 3\quad 1 \qquad\qquad 1+3+3+1=2^3 \\ 1\quad 4\quad 6\quad 4\quad 1 \qquad\qquad 1+4+6+4+1=2^4 \\ \vdots \qquad\qquad\qquad \vdots \end{array}$$

每一行的總和都可以表示為 2 的冪次方，這代表每往下一行，總和會是上一行的總和乘以 2。因此，我們可以用 2 的乘冪來表示這些總和。當同一個數被重複相乘時，我們會用乘冪的方式，將被乘數和乘的次數整理如下：

$$\underbrace{2\times 2}_{2次}=2^2\,,\;\underbrace{2\times 2\times 2}_{3次}=2^3\,,\;\underbrace{2\times 2\times 2\times 2}_{4次}=2^4\,,\cdots$$

這時，$2^2$ 讀作「2 的平方」；$2^3$ 讀作「2 的立方」；$2^4$ 讀作「2 的四次方」……，而像 $2^2$、$2^3$、$2^4$ 這些數，統稱為「2 的乘冪」。此外，2 則被定義為 $2^1$。

我們將被乘數 2 稱為「底數」，而上方表示乘幾次的數字 2、3、4……等，則稱為「指數」。

現在我們已經知道，巴斯卡三角形每一行的數字總和等於「2 的乘冪」。那麼另一個規律是什麼呢？請大家像下圖一樣，試著把從左上到右下、呈對角斜線排列的數字加起來。

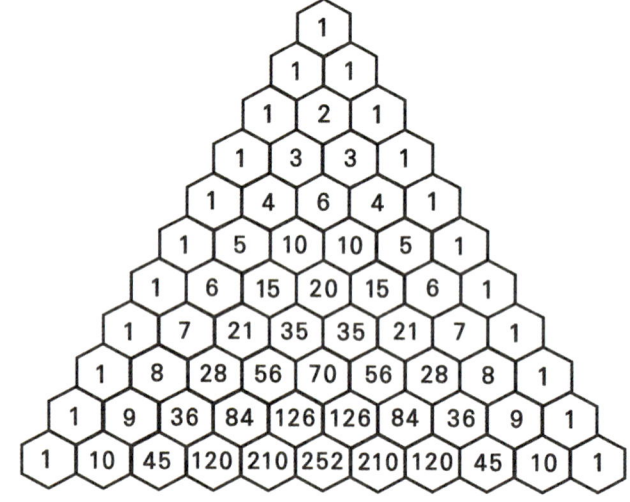

$2^4$ ◀ 指數
▲
底數

```
                    1
                  1   1
                1   2   1
              1   3   3   1
            1   4   6   4   1
          1   5  10  10   5   1
        1   6  15  20  15   6   1
      1   7  21  35  35  21   7   1
    1   8  28  56  70  56  28   8   1
  1   9  36  84 126 126  84  36   9   1
1  10  45 120 210 252 210 120  45  10   1
```

如果一時找不出規律，不妨參考下一頁的圖，把巴斯卡三角形轉換為直角三角形，再計算沿左下方對角線排列的數字總和。仔細觀察這些總和後，你會發現依序為 1、1、2、3、5、8、13……前兩個數都是 1，從第三個數開始，每一個數都是前面兩個數的和。從第三個數開始，對角線上的數字相加後，我們會發現這組數列非常眼熟。

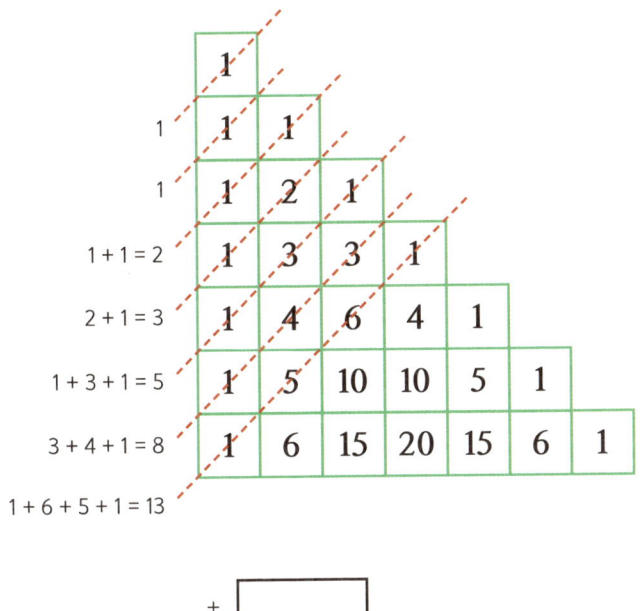

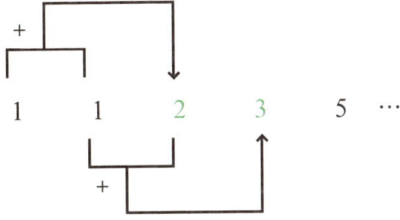

大家是不是覺得在哪裡看過這個數列呢？沒錯，它正是費氏數列。我們說過，費氏數列會出現在花瓣或動物外殼等自然現象中。而現在，我們又在巴斯卡三角形中發現了它。把左下角那排對角線上的數字一個個加起來，會等於前兩條對角線數字和的規律，就是一個新的規律。巴斯卡三角形中還有很多像這樣的規律和特質，大家以後也要繼續觀察，挖掘出更多規律和特質吧。

# 23. 源自於信仰的幸運數字

★ 國中小數學銜接 ★
一年級：10 以內的數字

---

點、線、面、立體！加起來是10！

畢達哥拉斯學派

$1+2+3+4=10$

嘿嘿～

所以說，10肯定是最完美的數字！

---

宇宙是由水、火、風、空氣組成的！所以 4 才是最棒的數字！

No！4 聽起來像「死」，不吉利！

That's no no

---

那大家公認的幸運數字7呢？

Lucky!

但我們越南覺得 7 帶衰，不如 9 吧？

---

有意義的數字怎麼這麼多？實在選不出來！

樂透

好想回家……

唉，那些人光選號就選了幾小時。

**本章內容**

★ 幸運數字的由來
★ 每個數字各自的象徵意義

　　同一個數字在某些國家被視為幸運的數字，受到人們喜愛，有些國家則認為是不吉利的數字，避之唯恐不及。最典型的例子就是 4。古希臘人認為 4 是完美的數字，但在東方文化中，由於 4 的發音和「死」相近，4 被認為是招厄運的不祥之數。

　　4 其實不會真的帶來好運或招致厄運，那只是人們對數字所寄託的期待與恐懼，導致衍生出了各種說法而已。

　　韓國人將 3 視為幸運數字。這是因為奇數 1 和偶數 2 結合後會得到 3，因此 3 被認為是最完美的數字。至於 7 被視為幸運數字，則多受到西方文化影響。由此可見，幸運數字會根據個人觀點和不同的文化背景而有所不同。

第三章　日常生活中的數　　163

# 相同數字，不同意義

人們自古以來就會賦予數字各種意義，讓我們來看看每個數字所代表的含義吧。

數字 0 代表什麼都沒有，任何數與 0 相乘，結果都是 0。雖然 0 在印度-阿拉伯數字系統中是最晚出現的，但它依然是最重要的數字之一。

數字 1 是第一個自然數，也是最小的奇數。只要不斷地在某個數加 1，就可以得到所有大於 1 的自然數。

$$1 + 1 = 2，1 + 1 + 1 = 3，1 + 1 + 1 + 1 = 4，……$$

俗語說「千里之行，始於足下」，數字 1 常被用來象徵「開始」。也因此，新年的第一天從 1 月 1 日開始。

數字 2 和 1 一樣具有特殊意義。它是最小的偶數，而且是唯一一個只有兩個因數，即 1 和 2 的偶數。所有大於 2 的偶數，都有三個以上的因數。

- 2 的因數：1、2
- 6 的因數：1、2、3、6

把 2 不斷重複相加就能得到所有的偶數。無論加幾次，結果始終為偶數。此外，電腦是透過僅由 0 和 1 組成的二進位表示所有數。

$$2，2+2=4，2+2+2=6，2+2+2+2=8，……$$

韓國人特別喜歡 3，認為它是幸運數字之一。3 是把最前面的兩個自然數，即 1 和 2 相加而成的。三角形被認為是最穩定的圖形，在不平的地面上，只要有三腳架就能穩定擺放物品。

數字 4 也被視為穩定的數字。例如，10 個保齡球瓶是以 1、2、3、4 的順序擺放。4 是組成 10 的重要數字。古希臘畢達哥拉斯學派認為 4 是完美的數字，用 4 個 4 進行四則運算就能得到 0 到 9 的所有數字。

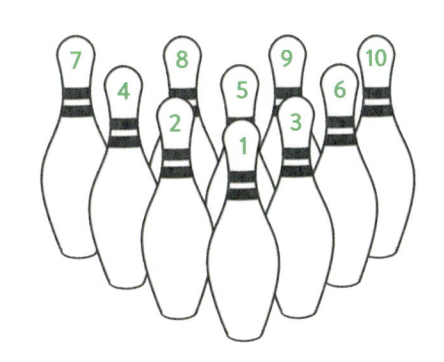

$4+4-4-4=0$　$(4+4)\div(4+4)=1$　$4\div4+4\div4=2$

$(4+4+4)\div4=3$　$(4-4)\div4+4=4$　$(4\times4+4)\div4=5$　$(4+4)\div4+4=6$

$4+4-4\div4=7$　$4\times4-4-4=8$　$4+4+4\div4=9$

數字 5 是我們數數或計算時常用的標準。因為一隻手有 5 根手指，數數時，常用一隻手數到 5。數字 5 也是四捨五入的標準，小於 5 的數就捨去，等於或大於 5 的數就進位。

將數字 6 自己乘以自己，答案的個位數永遠都是 6。

$$6\times 6 = 36，6\times 6\times 6 = 216，6\times 6\times 6\times 6 = 1296，……$$

數字 6 將除了自己本身的因數相加，即是將 1、2、3 相加，剛好會等於自己本身，而被稱為「完全數」。此外將這三個數相乘，結果也會是 6。

$$1 + 2 + 3 = 6，1\times 2\times 3 = 6$$

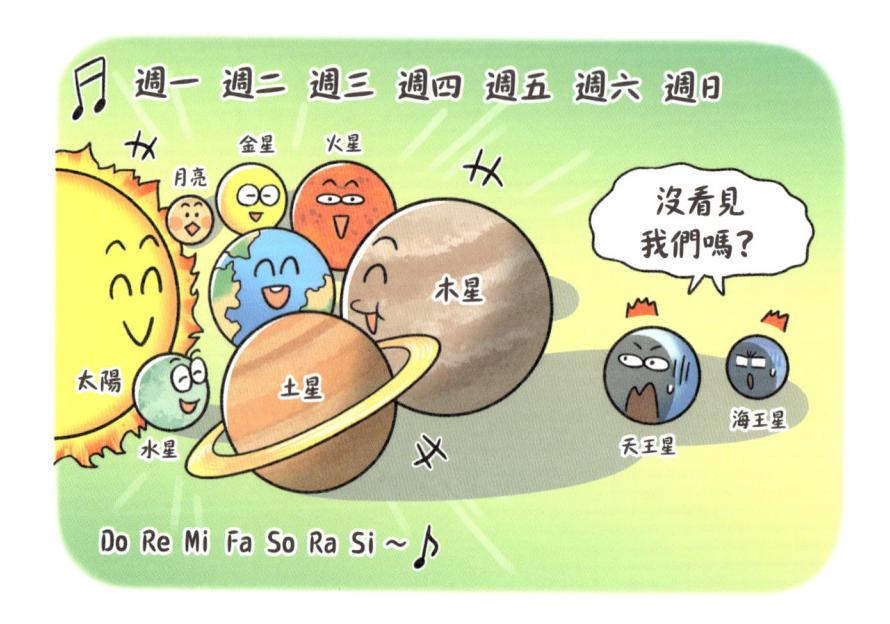

數字 7 是受到所有人喜愛的幸運數字。之所以有很多偶像團體都是 7 個人，正是因為人們相信 7 能帶來好運。一週有 7 天；過去人們肉眼可見的天體只有太陽、月亮、水星、金星、火星、木星和土星 7 個。這 7 個天體衍生出一週 7 天的概念：週一、週二、週三、週四、週五、週六和週日。此外，彩虹有 7 種顏色；音階由 Do、Re、Mi、Fa、So、Ra 和 Si 7 個音組成。

　　數字 8 在東方被視為幸運數字，尤其受到中國人喜愛，所以有很多人願意花大錢買帶有 8 的電話號碼或車牌號碼。就連 2008 年的北京奧運開幕式，也特地選在 8 最多的日期和時間——2008 年 8 月 8 日晚上 8 點。

　　至於數字 9，常被用來表示「完美」，就像純度 99.99% 的黃金，意思就是幾乎沒有任何雜質，對吧？此外，成語「十之八九」也有著「幾乎是、大多數」的意思。

## 提高半導體純度的數字 9

　　氟化氫是決定半導體性能的關鍵物質，尤其在 10 奈米（1nm 是十億分之一公尺）等精密製程中，為了提高電路的精密度和完成度，少不了氟化氫。它既是能除去半導體雜質的清洗劑，還能刻蝕半導體電路不需要的部分。最重要的是，要製造優質半導體就必須用到純度高達 99.9999% 以上的超高純度氟化氫，所以，象徵完美的數字 9 也成為了未來產業中的重要一份子。

# 24. 源自於拼圖的數織

★ 國中小數學銜接 ★

六年級：數的規則

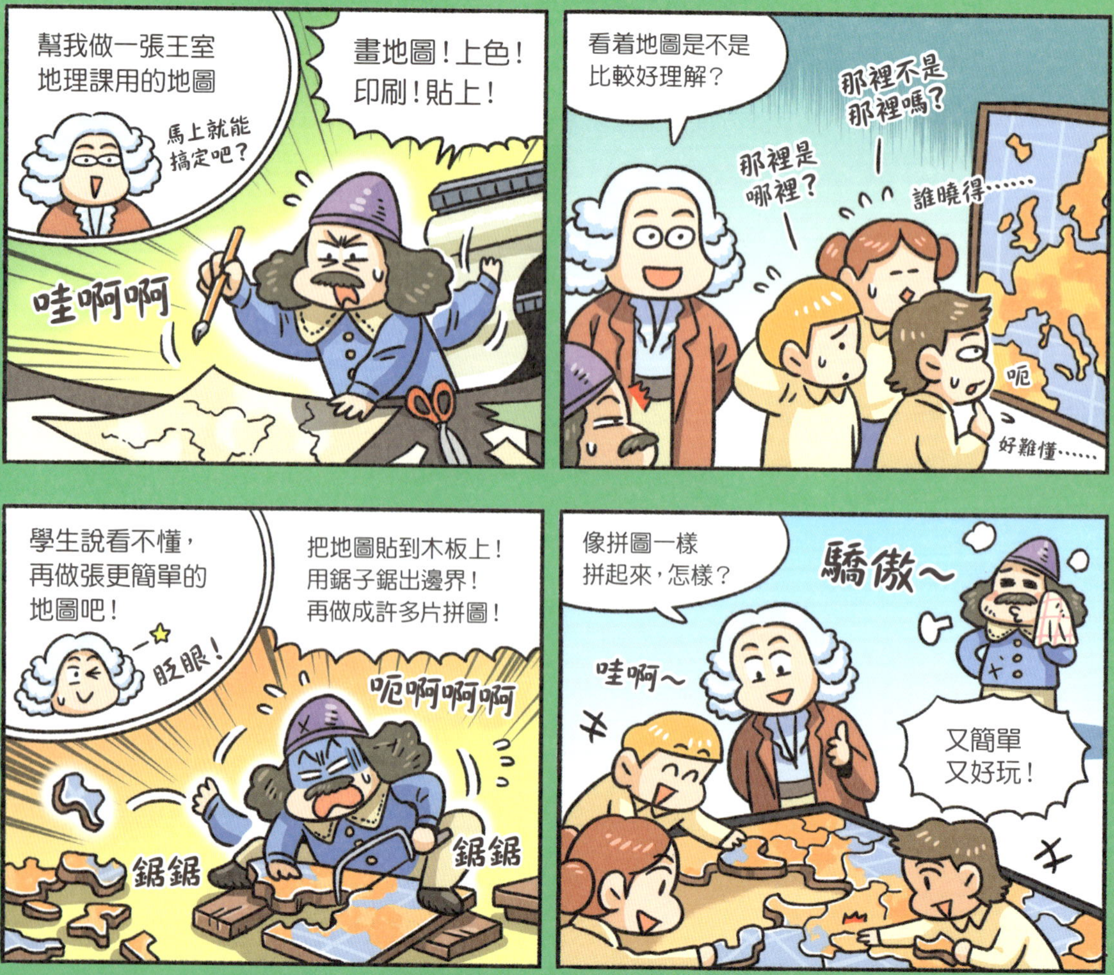

## 本章內容

★ 概觀數織

★ 數織的玩法

現在大家熟悉的拼圖（jigsaw puzzle），最初是為英國王室兒童設計的教材。雕刻師約翰・史皮爾斯布里（John Spilsbury, 1739~1769）用一塊塊的桃花心木精心雕刻出世界第一款「地圖拼圖」。他用線鋸（jigsaw）將桃花木切割成塊，這也成為拼圖名稱的由來。由於製作精細，成本高昂，當時只在王室和貴族之間流行。

後來，拼圖隨著時間發展，從單純的拼湊圖案遊戲，演變成刺激腦力的益智遊戲，種類也日益豐富，有文字遊戲、全字母句遊戲、迷宮、魔術方塊、數獨、邏輯拼圖等！這些大家應該都玩過吧？其中，最常見的就是數字類拼圖。數字類拼圖和程式設計所需的思維方式，有著密切的關係。

大家玩過現在大受歡迎的「數織（Nonogram）」嗎？數織是 1987 年日本人西尾徹發明的益智拼圖遊戲。玩家需要根據棋盤格周圍的數字提示，找出隱藏的圖案，又被稱為「數牆」、「填方塊」、「Picross」等。大家看到上面的數字，是不是覺得輕輕鬆鬆就能破解呢？那可是大錯特錯！要具備邏輯思維能力，才能找出拼圖中隱藏的圖案。

## ● 破解數織

　　數織的基本棋盤為 5x5 的方格。雖然這款遊戲有數字線索就能解題，但隨著棋盤變大，提示數字變複雜時，就需要更多的時間和精力才能解開。玩家必須同時滿足直行和橫列的提示，所以得仔細觀察它們的關聯性，才有辦法順利破解。

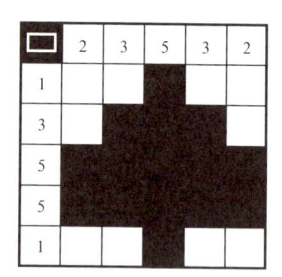

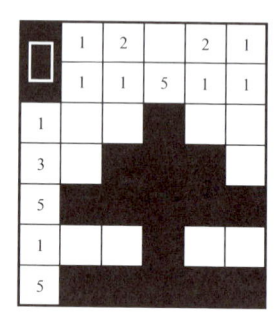

---

**請記住以下規則，挑戰看看吧。**

規則1：**根據橫列和直行提示的數字塗滿格子。**
　　如果直行或橫列有數字 5，則順著該方向連續塗滿5格（只有一個大數時最容易判斷，最好優先處理）。
　　橫列提示為（21）時，表示橫著連續塗 2 格後空 1 格，再塗 1 格。
　　直行提示為（21）時，表示直著連續塗 2 格後空 1 格，再塗 1 格。

規則2：**在塗格子時，必須找出同時有直行和橫列數字交集的格子。**
　　讓我們根據這些規則，正式挑戰數織吧！

## 先找出最容易判斷的單一大數

直行的 6 表示需要連續塗 6 格，從下圖可以看出，有兩種可能的塗法，但因為還要同時滿足第一列標示的數字 1，所以應該像 <情況 1> 那樣的塗法。

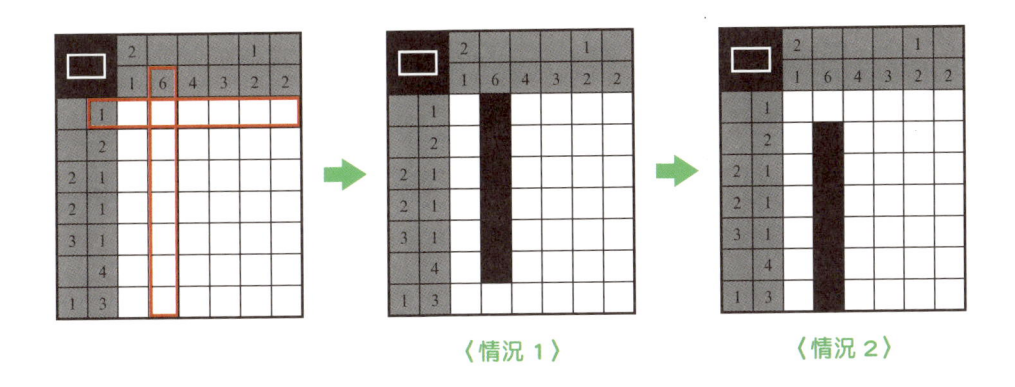

〈情況 1〉　　　〈情況 2〉

## 逐步推算並標記

已經使用過的提示可以標記「／」；確定不需塗色的格子則可以標記「×」。沒有一定的標記方式，「／」和「×」僅為舉例，大家可以用自己喜歡的方式標記。

按照前述方法，逐步觀察直行和橫列數字之間的關聯性，並要同時滿足兩邊的需求。解題時，可以在確定不需塗色的格子上畫個「×」，一步步推理出正確答案。只要持續練習，大家一定能找到最適合自己的解題方式。

　因為 1 只能是最前面那一格，所以可以直接塗滿。3 雖然有兩種可能的塗法，不過無論是哪一種情況，中間都有兩格會重疊，所以這兩格可以先塗滿。

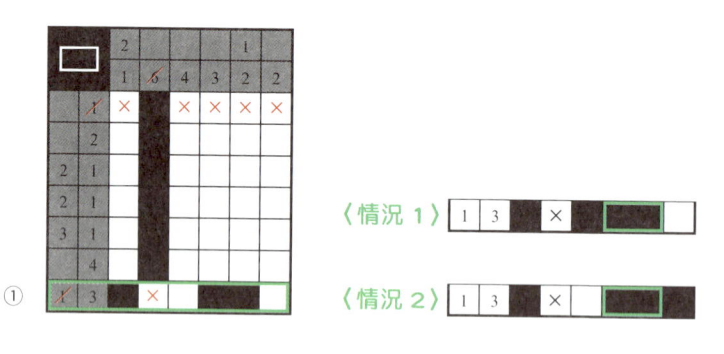

〈情況 1〉

〈情況 2〉

②可以按以下方式塗；而③只有一種塗法，如下所示。

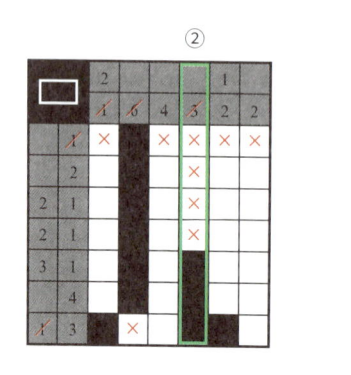

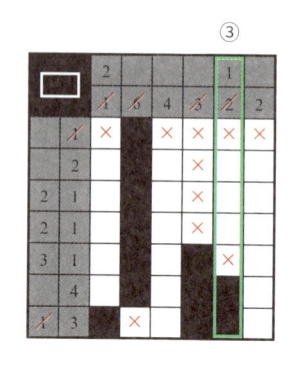

在畫「×」的過程中，我們會慢慢找到更多可以塗滿的格子。只要善用每一個提示，一定能成功破解數織。

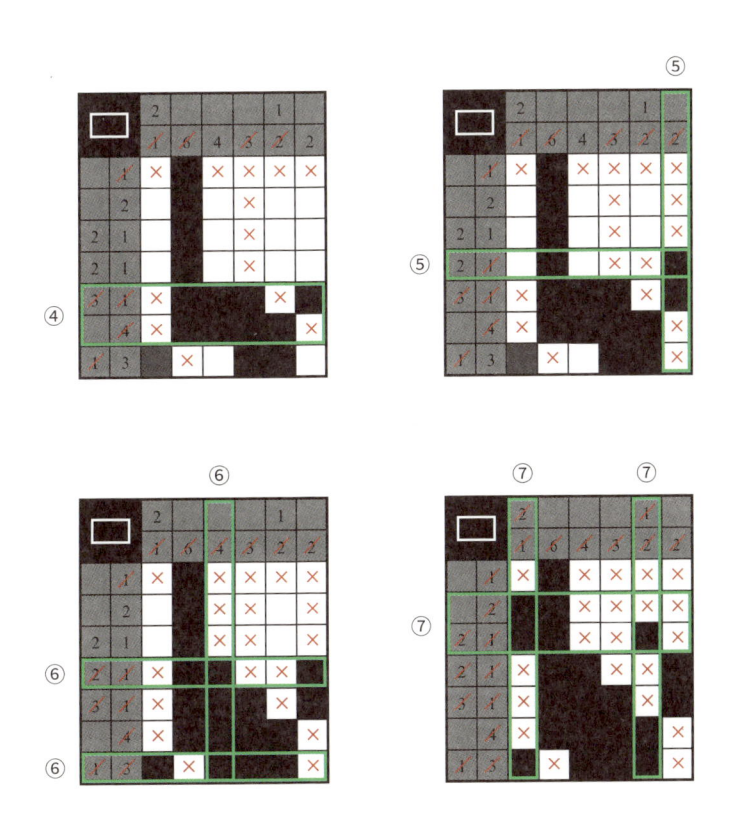

照著前面的方法挑戰數織後，大家覺得怎麼樣呢？現在請翻到下一頁，親自解謎後，對看看答案吧。如果你覺得數織很有趣，不妨上網或在手機上搜尋「數織」、「Nonograms」、「Picross」，有很多不同難度的數織問題等你挑戰喔。

第三章 日常生活中的數　173

【題目 1】

|  | | | 3 | 3 | 1 | 1 | 1 | | |
|---|---|---|---|---|---|---|---|---|---|
|  | 3 | 3 | 1 | 1 | 1 | 3 | 3 | 3 | 3 |
| 2 | 2 | | | | | | | | |
| | 7 | | | | | | | | |
| 2 | 2 | | | | | | | | |
| 2 | 2 | | | | | | | | |
| | 7 | | | | | | | | |
| 2 | 2 | | | | | | | | |

【題目 2】

| | | | | | | | 1 | | 1 | |
|---|---|---|---|---|---|---|---|---|---|---|
| | | | | | | 1 | | 1 | 2 | 1 |
| | | | 1 | 2 | 3 | 2 | 4 | 1 | 2 | 1 | 3 |
| | | 1 | 1 | | | | | | | | |
| | 2 | 3 | | | | | | | | | |
| 2 | 1 | 1 | | | | | | | | | |
| | 4 | 2 | | | | | | | | | |
| 2 | 1 | 1 | | | | | | | | | |
| | | 4 | | | | | | | | | |

# 運算思維

正如每個人解數學題的方法不一樣，面對日常生活的問題，我們也會有各自的解決之道。我們前面使用了以下幾個解題小技巧來破解數織遊戲：

1. **優先處理能夠快速判斷的數字提示。**
2. **用「／」標出已經使用過的提示；用「×」標出確定不需塗色的格子。**
3. **仔細觀察直行與橫列數字，找出兩者的關聯性，並同時滿足所有要求。**

像這樣一步一步拆解問題，依序處理的方式，稱為「運算思維」。只要把問題拆成幾個步驟，就能更輕鬆地找到解法。運算思維原本用在電腦程式設計上，但它也能幫助我們解決許多生活中的難題。只要平常多練習解數學題，大家會自然而然地養成運算思維，未來遇到任何複雜的問題都能輕鬆搞定。

〈解答〉

【題目 1】

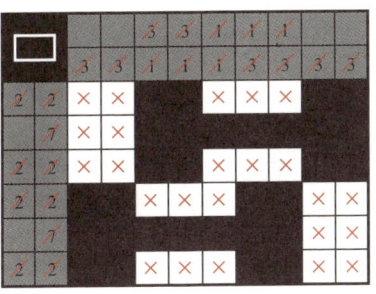

【題目 2】

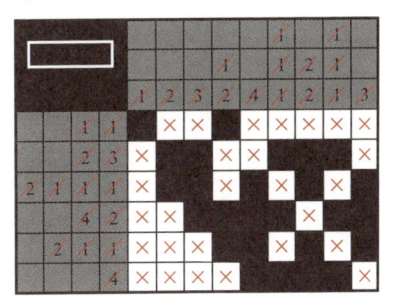

知識館系列 042

## 知識館
### 趣味數學原理解密 數學原來是這樣 1：
# 數字是如何被發現的？
원리를 깨치는 재미있는 수학의 발견 이렇게 생긴 수학 수의발견

| 作　　　者 | 全國數學教師協會 전국수학교사모임 |
|---|---|
| 繪　　　者 | 朴東賢 박동현 |
| 譯　　　者 | 黃菀婷 |
| 專 業 審 訂 | 洪進益 |
| 封 面 設 計 | 張天薪 |
| 內 文 排 版 | 許貴華 |
| 責 任 編 輯 | 王昱婷 |
| 出版一部總編輯 | 紀欣怡 |

| 出　版　者 | 采實文化事業股份有限公司 |
|---|---|
| 執 行 副 總 | 張純鐘 |
| 業 務 發 行 | 張世明・林踏欣・林坤蓉・王貞玉 |
| 童 書 行 銷 | 鄒立婕・張文珍・張敏莉 |
| 國 際 版 權 | 劉靜茹 |
| 印 務 採 購 | 曾玉霞 |
| 會 計 行 政 | 李韶婉・許俽瑀・張婕莛 |
| 法 律 顧 問 | 第一國際法律事務所 余淑杏律師 |
| 電 子 信 箱 | acme@acmebook.com.tw |
| 采 實 官 網 | www.acmebook.com.tw |
| 采 實 臉 書 | www.facebook.com/acmebook01 |

| I S B N | 978-626-431-089-5 |
|---|---|
| 定　　　價 | 360 元 |
| 初 版 一 刷 | 2025 年 9 月 |
| 劃 撥 帳 號 | 50148859 |
| 劃 撥 戶 名 | 采實文化事業股份有限公司 |
| | 104 台北市中山區南京東路二段 95 號 9 樓 |
| | 電話：(02)2511-9798　傳真：(02)2571-3298 |

國家圖書館出版品預行編目資料

趣味數學原理解密 數學原來是這樣 1：數字是如何被發現的？／全國數學教師協會作；黃菀婷譯 .-- 初版 .-- 臺北市：采實文化事業股份有限公司 , 2025.09
176 面；17×22 公分 . -- ( 知識館；42)
譯自：원리를 깨치는 재미있는 수학의발견 이렇게 생긴 수학 수의발견
ISBN 978-626-431-089-5( 平裝 )
1.CST: 數學 2.CST: 通俗作品

310　　　　　　　　　　　　　　　　　　　　　　　　　　114009518

Copyright © 2022 by Kim Nam Jun, Kim Bo Hyeon, Park Sang Eui, Yun Min I. Lee Jae young, Hong Chang Seop, Mo Seong Jin, Park Kyoung Oh, Choi Mi Ra, Kim Bong Jun, Bae Min Jeong, Choi Seoung Yee
All rights reserved.
Original Korean edition published by Bomnamu Publishers, an imprint of Hansmedia Inc.
The Traditional Chinese translation arranged with Hansmedia Inc. through Rightol Media

●書中圖片出處
www.pixabay.com
www.unsplash.com
www.shutterstock.com
www.freepik.com
www.gettyimagesbank.com
www.flickr.com
what3words.com

### 線上讀者回函
立即掃描QR Code或輸入下方網址，連結采實文化線上讀者回函，未來會不定期寄送書訊、活動消息，並有機會免費參加抽獎活動。
http://bit.ly/37oKZEa

版權所有，未經同意
不得重製、轉載、翻印